WOLFGANG KUHN

Das Eichhörnchen und der liebe Gott

Unserer lieben Itza
zum 20. Juni 1979
Annerose + [illegible]

WOLFGANG KUHN

Das Eichhörnchen und der liebe Gott

Rätsel des Lebendigen

SPEE-VERLAG TRIER
1979

Abbildungsnachweis: © Wolfgang Kuhn, St. Ingbert 1979

Foto auf der ersten Umschlagseite: Eine Mohnblüte öffnet sich.

Foto auf der vierten Umschlagseite: Raupe des Schwalbenschwanz kurz vor ihrer Verpuppung.
Der „Gürtel" ist bereits fertiggesponnen.

CIP-Kurztitelaufnahme der Deutschen Bibliothek

Kuhn, Wolfgang:
Das Eichhörnchen und der liebe Gott:
Rätsel des Lebendigen / Wolfgang Kuhn.
Trier: Spee-Verlag, 1979.
ISBN 3-87760-025-5

Gesamtherstellung: Paulinus-Druckerei GmbH, Trier
Umschlagentwurf: Ludwig Nollmeyer
ISBN 3-87760-025-5

Inhaltsverzeichnis

Vorwort 7
Das Eichhörnchen und der liebe Gott 9
Ei am Stiel! 16
Ein Rätsel namens Hirschkäfer 20
Nur eine gewöhnliche Stinkmorchel! 27
Kalk – nichts als Kalk? 33
Und wer konstruierte die Sonnenblumen? 43
Auf magischen Pfaden 49
Mauerblümchen sind ja gar nicht so! 55
Das Geheimnis des Aronstabes 62
Der stumme Kuckuck 68
Eine Pfauenfeder macht Darwin krank! 73
Die „innere Uhr" geht immer richtig! 79
Der Ritt ins Schlaraffenland 85
Zigarren am Eichbaum 90
Den „Kühlschrank" haben die Wespen erfunden! 95
Von den „Tricks" der Unsichtbaren 102
Vorsicht, Falle! 109
Blattformen – Zeugen einer lebendigen Gestaltungskraft 117
Verwandlungskünstler Pflanzenblatt 122
Das Geheimnis der Gallen 131
Was „denkt" sich so eine Raupe? 137
Wunder der Verwandlung 143
Die falschen Augen 149
Fledermausradar – technisch unerreichbar! 157
Mathematik am Birkenblatt 162
Der Unermüdliche – radioaktiv! 167
Spinnen sind doch bessere Architekten! 173
Verblüffende „Technik" der Unkräuter 183
Ordnung – Geheimnis alles Lebendigen 192
Fehler in der Schöpfung? 198

„Die Molekularbiologie hat dem Jahrhunderte aufrechterhaltenen Schöpfungsmystizismus ein Ende gesetzt, sie hat vollendet, was Galilei begann.“

Manfred Eigen, Nobelpreisträger

„Der reine Zufall, nichts als der Zufall, die absolute, blinde Freiheit als Grundlage des wunderbaren Gebäudes der Evolution – diese zentrale Erkenntnis der modernen Biologie ist heute nicht mehr nur eine unter anderen möglichen oder wenigstens denkbaren Hypothesen, sie ist die einzig vorstellbare . . .“

Jacques Monod, Nobelpreisträger

„Was dieser Professor sagt, ist noch viel unglaublicher als das, was wir anderen armen Christen glauben!“

François Mauriac, Nobelpreisträger

„Wer . . . meint, er könne mit unseren Kenntnissen von den Erbanlagen, Mutationen und natürlicher Auslese die Entstehung aller Lebenserscheinungen erklären, dem haben wohl die jüngsten Erfolge der Genetik den Blick getrübt für das unermeßliche Gebiet des völlig Unbekannten.“

Karl von Frisch, Nobelpreisträger

„Der erste Trunk aus dem Becher der Naturwissenschaft macht atheistisch, aber auf dem Grunde des Bechers wartet Gott.“

Werner Heisenberg, Nobelpreisträger

„Manchen Menschen macht es Sorgen, daß sie nicht wissenschaftlich beweisen können, daß Gott existiert. Aber müssen wir wirklich eine Kerze anzünden, um die Sonne sehen zu können?“

Wernher von Braun, Raketenforscher

Vorwort

Solange auf dem Büchermarkt Schriften erscheinen wie das Pamphlet des militanten Atheisten Theo Löbsack „Die Biologie und der liebe Gott“ oder des Molekulargenetikers Jacques Monod „Zufall und Notwendigkeit“, solange ein vom Fernsehen bekannter Zoologieprofessor öffentlich in einem Interview erklärt, er wäre Atheist, weil er Naturwissenschaftler sei, so lange darf der gläubige Biologe nicht so tun, als müsse nur er allein die Frage nach Gott und der Schöpfung aus seinem Denken als Wissenschaftler ausklammern. Freilich wird er sich hüten, den gleichen methodischen Fehler, die gleiche unerlaubte „Grenzüberschreitung“, nur sozusagen in entgegengesetzter Richtung, zu begehen. Er ist sich durchaus bewußt, daß die Möglichkeiten naturwissenschaftlicher Forschung und ihrer Arbeitsmethoden bei weitem nicht ausreichen, etwa zu „beweisen“, daß alles Lebendige nur durch Zufall entstanden ist und Gott gar nicht existiert – und er wird, aus eben dieser Erkenntnis heraus, keinesfalls den absurden Versuch unternehmen, nun umgekehrt seinerseits Gott als Schöpfer etwa naturwissenschaftlich „beweisen“ zu wollen. Wäre es doch eine allzu kindliche Vorstellung, einen Schöpfer, der weit über allem Geschaffenen steht, in dieser seiner Schöpfung nachzuweisen, wie der Chemiker etwa mit Lackmuspapier eine Säure nachweist! Vielmehr wird es der gläubige Naturwissenschaftler mit dem berühmten Raketenforscher Wernher von Braun, dem Wegbereiter der Weltraumfahrt und Mondlandungen, halten, der einmal sagte, warum wir denn eine Kerze anzünden sollten, um die Sonne zu sehen!

In der Tat: Was vor Jahrtausenden der greise Prophet Daniel gesagt hat, das gilt auch heute nicht minder – und keiner erlebt dies so überzeugend wie gerade der Biologe, der sich dem Geheimnis nicht verschließt. „Warum glaubst du an Gott?“ fragten die ungläubigen Spötter, „du hast ihn doch nie gesehen, woher also willst du wissen, daß es ihn gibt?“ „Woher weiß ich denn mit untrüglicher Sicherheit“, entgegnete der Weise, „daß des Nachts, als ich in tiefem Schlafe lag, ein Mensch oder ein Tier um meine Hütte ging? – Aus den Spuren seiner Füße im Sand!“

Das Eichhörnchen und der liebe Gott

Was in aller Welt haben die Eichhörnchen mit dem lieben Gott zu tun? Nichts, aber auch rein gar nichts – so wenigstens meint der französische Molekulargenetiker und Nobelpreisträger Jacques Monod. Er ist auch durchaus nicht verlegen um einen recht plausiblen Grund für diese so kategorische Behauptung: Es gibt überhaupt keinen Gott, keine Schöpfung und mithin weder irgendeinen vernünftigen Sinn, geschweige denn so etwas wie Zweck oder Ziel in der belebten Welt!

Gewiß: das klingt nicht gerade originell und schon gar nicht neu. So hat bereits der Materialist Ernst Haeckel vor nunmehr rund hundert Jahren argumentiert, nur mit ein wenig anderen Worten. Im Grunde genommen wiederholen sich all diese Leugner jeglicher Vernunft im unermeßlichen Reich des Lebendigen, aus welchen verborgenen, ihnen selbst oft kaum bewußten Voreingenommenheiten auch immer, obwohl sie es doch gerade wegen dieser Unermeßlichkeit nur zu einem so verschwindend kleinen Teil kennen! Fast möchte man so etwas wie Mitleid mit ihnen empfinden. Man stelle sich diese vertrackte Situation doch einmal vor! Da werden sie als Biologen ständig konfrontiert mit einer Überfülle an höchst zweckmäßigen, ja schlechthin vollkommenen lebendigen Gestalten, mit ihren kaum glaublichen, unerhört sinnreichen Instinktleistungen und all den zahllosen, feinstens aufeinander abgestimmten Stoffwechselprozessen, die das Leben erst möglich machen – und immerzu müssen die Ärmsten leugnen, daß dies alles irgendeinen Sinn hat, planvoll geordnet ist oder gar bestimmte Ziele anstrebt!

In der Tat: Christian Morgensterns „Palmström“ hatte völlig recht mit seiner schnurrigen Behauptung, daß für so manchen einfach nicht sein kann, was nicht sein darf! Wissenschaftlern allerdings, bewährten, gar preisgekrönten Forschern dürfte nicht soviel verkrampfte, um jeden Preis rechthaberische Vogel-Strauß-Politik zugetraut werden. Und wahrhaftig, der Preis ist nicht gering! Wer nämlich Plan, Sinn und Ziele in der Entwicklung der lebendigen Welt partout leugnet, für den gibt es schließlich – und zwar mit durchaus zwingender Logik! – nur noch eine einzige, recht dürftige Ausrede, wenn ihm die drängende Frage gestellt wird, woher denn nun so ganz ohne den lieben Gott die allenthalben doch mühelos erkennbare Ordnung und Planmäßigkeit der Pflanzen und Tiere stammt. Dabei wollen wir noch nicht einmal von der schier überwältigenden Ordnung in unserem eigenen Körper reden mit all seinen vielen „richtig“ funktionierenden, unleugbar genau nach Plan zusammenarbeitenden Organen! Nein, es bleibt ihnen wahrhaftig nichts, aber auch gar nichts anderes übrig: Wenn sie nicht an den lieben Gott glauben wollen, dann müssen sie, freilich mit nicht weniger Frömmigkeit, eben an den Zufall glauben, der dies alles zustande gebracht hat!

Ja, der allmächtige Zufall! Ein Zauberwort, das alles erklärt? Ein Schöpferersatz und ach so bequemer, weil keinerlei „Gegenleistung“ fordernder Deus ex machina? Wieviel leicht eingängige Vergleiche sind nicht von seinen grimmen Kämpen erdacht und konstruiert worden, nur um glaubhaft zu machen, daß er allein genügt, um alles, aber auch restlos alles auf dieser Welt zu verstehen und zu erklären! Jeder mittelalterliche Bußprediger müßte vor Neid erblassen ob so viel eifernder Apologetik!

Da meint kein Geringerer als der berühmte englische Biologe J. Huxley, wenn man große Buchstaben aus einem unverwüstlichen Material verfertigen und einer Horde Affen irgendwo am sandigen Meeresufer zum Spielen überlassen könnte, würde man ganz gewiß eines Tages die gesamte englische Nationalbibliothek, fein säuberlich Buchstaben neben Buchstaben aufgereiht, am Strand vorfinden. Irgendwann nämlich hätten diese wahl- und ziellos mit den Buchstaben um sich werfenden Affen ohne jede Absicht, rein zufällig also, ihr Spielzeug so auf den Ufersand geschleudert, daß von Shakespeares Dramen bis zu Dickens' Erzählungen und selbst den modernsten englischen Romanen und freilich auch den Büchern des Herrn Professor Huxley alles fein säuberlich zu lesen wäre – falls man nur langsam genug mit einem Hubschrauber darüber hinwegfliegen könne! Allerdings müßten das schon unsterbliche Affen sein, denn sie brauchten immerhin eine stattliche Zahl von Jahrmillionen, bis die Sache sozusagen fehlerfrei klappt – mit allen Kommas, Punkten, Ausrufe- und Fragezeichen just an der richtigen Stelle. Wenn also der blinde, ziellose Zufall allein genügt, um so viel Unwahrscheinliches wie Shakespeares, Dickens', Lord Byrons und aller anderen berühmten englischen Schriftsteller und Dichter unsterbliche Werke zustande zu bringen, warum sollte es ihm dann grundsätzlich unmöglich sein, auch Lebewesen aus toter Materie zu „erschaffen“ – von der einfachsten einzelligen Amöbe bis hinauf zum Menschen, der sich selbst ironisch den „Weisen“, den Homo sapiens, nennt?

Daß diese merkwürdige Argumentation versucht, eine Wunschidee durch eine nicht minder unwahrscheinliche andere zu „beweisen“ statt durch handfeste, nachprüfbare Forschungsergebnisse und Tatsachen, das scheinen seltsamerweise nicht einmal manche Nobelpreisträger zu bemerken! Jacques Monod jedenfalls hält es für möglich, daß das gesamte, streng geordnete „Konzert“ der lebendigen Natur aus nichts anderem denn aus lauter „Mißtönen“ entstanden ist. Auch das muß man sich einmal ganz realistisch vorstel-

Oben: Als echtes Nagetier hält unser Eichhörnchen seine Nahrung – hier eine Walnuß – mit den langbekrallten Händen fest.

Unten: Beim Vergraben seiner Vorräte für den Winter buddelt sich das Eichhörnchen tief in den lockeren Waldboden ein. Später stampft es die Erde über dem Loch mit seinen Vorderfüßen fest, damit niemand das Lager entdeckt.

len. Da glaubt ein preisgekrönter Chemiker allen Ernstes, man brauche nur sämtliche Instrumente eines vollzähligen Symphonieorchesters an beliebig ausgewählte, musikalisch völlig unvorgebildete Zeitgenossen zu verteilen und sie zu ermuntern, ganz wie es ihnen Spaß macht, lustig und kräftig draufloszublasen, zu streichen, zu zupfen, zu hämmern und zu trommeln – und sieh da, wenn sie dieses Getöse eines infernalischen Tonsalates nur lange genug durchhalten (so über ein paar Millionen Jahre freilich!), dann wäre ganz gewiß Beethovens Neunte irgendwann zufällig auch einmal zu hören. Über soviel treuherzige Ignoranz hätte wohl selbst der immer etwas griesgrämige Beethoven schallend gelacht!

Bei dieser Art „Beweisführung" spielt es nun freilich keinerlei Rolle mehr, daß selbst der einfachste lebende Organismus sehr viel komplizierter „durchkomponiert" und damit als angebliches Produkt eines ziellos-blinden Zufalls noch weit, weit unwahrscheinlicher ist als Beethovens Neunte – bei allem Respekt vor dem unsterblichen Meister! Man braucht ja nur einmal daran zu denken, daß schließlich jeder Organismus, auch die unscheinbarste Bakterie, sich selbst reproduzieren, also vermehren kann!

Es ist nun schon mehr als ein Vierteljahrhundert vergangen, seit der berühmte Biologe Ludwig von Bertalanffy darauf hinwies, daß es sehr viel wahrscheinlicher wäre, wenn bei einer Explosion im Eisenwerk Eisenatome „zufällig" so aufeinanderprallten und sich durch den Druck miteinander verschweißten, daß plötzlich ein fahrbereites Auto mit dem Schlüssel im Zündschloß entstünde, als daß auch nur eine einzige lebende Zelle „zufällig" zustande käme – denn die sei weitaus komplizierter als ein Auto. Der Vergleich hinkt, wie alle Vergleiche, denn es müßte ja bei dieser Explosion auch ein Fahrer entstehen, ein menschenähnlicher eiserner Roboter, der das Auto zum Fahren bringt und steuert. Auch die primitivste einzellige Amöbe vermag ja sich selbständig zu bewegen. Und wo in aller Welt gibt es Autos, die sich teilen und danach zu zwei neuen Autos heranwachsen können?

Doch selbst wenn wir das Unmögliche einmal annehmen, „lebendiges Eiweiß" sei zufällig irgendwo entstanden, wäre es dann möglich, daß es sich ebenso zufällig zu immer komplizierteren Lebewesen entwickelt hat? Sogar materialistische Biologen geben zu, daß das Hundertfache des Weltalters nicht ausreichte, um nur fünf „simultane" Erbsprünge (Mutationen) zu ermöglichen – also Erbänderungen, die sinnvoll zueinander passen und zum Beispiel aus einem anfangs nur lichtempfindlichen Zellgewebe ein Auge mit Lidern, Hornhaut, Linse und Netzhaut, alles an der jeweils „richtigen" Stelle, werden lassen! Die Wahrscheinlichkeit der zufälligen Entstehung eines Auges kann man mathematisch berechnen. Sie verhält sich wie eins zu einer Zahl mit vierzig Nullen. Der bekannte Schweizer Physiker Professor Heitler hat einmal berechnet, wie wahrscheinlich es ist, daß beim Umstürzen eines Setzkastens Druckbuchstaben so nebeneinanderrollen, daß sie zufällig die erste Zeile des Faust-Monologs „Habe nun ach, Philosophie" bilden. Selbst wenn man nur die erforderlichen 21 Buchstaben in den Kasten füllt, müßte man ihn zehntausendbillionenmal umkippen, um nur ein einziges Mal durch puren „Zufall" diese Zeile zu erhalten.

Zugegeben: Auch hierbei handelt es sich um Vergleiche, und die hinken nun einmal alle, wie das Sprichwort sagt. Aber es gibt da immerhin einen kleinen, jedoch ganz entscheidenden und weitreichenden Unterschied. Man kann von Bertalanffys und Heitlers Vergleiche jederzeit mathematisch, mithin also ganz exakt nachprüfen, und dazu braucht es nicht einmal den Computer. Das kann vielmehr jeder mit Zettel und Bleistift, insofern er auch nur die einfachsten Formeln der Wahrscheinlichkeitsrechnung beherrscht!

Doch kommen wir endlich auf unser Eichhörnchen zurück. Natürlich könnte es auch ein x-beliebiges anderes Geschöpf sein, denn für jede der heute bekannten rund eine Million Tierarten gelten die Überlegungen und Berechnungen des – ebenfalls preisgekrönten! – Physikers Heitler ganz genauso. Er hat sich nun einmal diesen munteren Kletterer unserer Anlagen, Gärten und Parks als Exempel ausgewählt, vielleicht nur deshalb, weil ein jeder ihn kennt. Wenn schon der unscheinbarste lebendige Organismus bedeutend komplexer, in weit höherem Maße „integriert" und Ganzheit ist als die erste Zeile des Faust-Monologs, um wieviel mehr muß diese Erkenntnis für den so hochent-

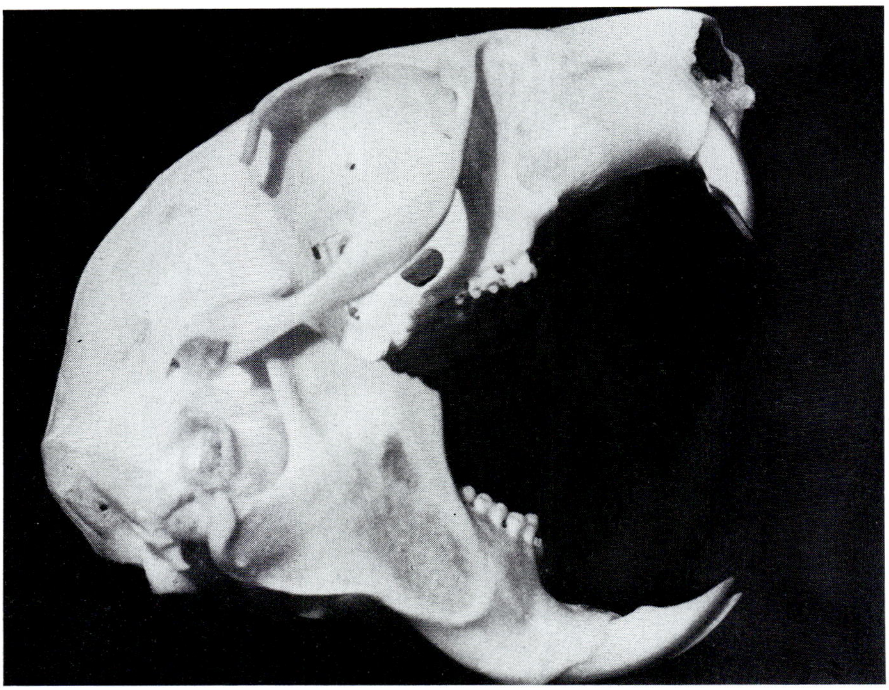

Die Nagezähne des Eichhörnchens sind nur auf ihrer Vorderseite mit Schmelz überzogen. Das Zahnbein dahinter wächst nach, und so bleiben sie immer scharf.

Links oben: Eichhörnchenkobel hoch im schwankenden Geäst einer Birke. Im Gegensatz zu den meisten Vogelnestern ist er völlig geschlossen.

Rechts oben: Die spitzen Krallen finden in jeder Borkenritze Halt. Ihr Aufprall ist bei kletternden Eichhörnchen deutlich hörbar.

Links: Eichhörnchenmutter im zeitigen Frühjahr beim Sammeln von Polstermaterial für ihren Kobel.

wickelten eines ganz gewöhnlichen Eichhörnchens gelten? Walter Heitler jedenfalls kommt zu dem Ergebnis, daß es, wenn alles lediglich auf Zufall beruht, auf der ganzen Welt nicht ein einziges Eichhörnchen geben dürfte. Alles paßt ja bei diesem kleinen Kletter- und Sprungkünstler „richtig" zusammen: die kräftigen, langhebeligen Sprungbeine, die spitzen Krallen, die selbst noch in der verborgensten, haarfeinen Borkenritze genügend Halt finden, der buschige Steuerschwanz, die messerscharfen, dank ihrer genialen, für unsere Werkzeugmacher trotz all ihrer teuren Maschinen und Stahllegierungen unnachahmlichen Konstruktion nie abstumpfenden Nagezähne oder das tarnende rotbraune Fell.

Vergessen wir aber auch nicht die vielen Instinkte des munteren Kletterers, sozusagen die angeborenen Gebrauchsanweisungen für den in jeder nur ausdenkbaren Situation „vernünftigen" Gebrauch all dieser vielen verschiedenen Organe! Was nützten zum Beispiel dem Eichhörnchen seine Sprungbeine mit ihren langen Füßen, die gleichsam als angewachsene Stabhochsprungstangen den kleinen Körper so überraschend weit springen und in die Höhe schnellen lassen, nahezu mühelos über Entfernungen von mehr als fünf Metern, wenn es sie nicht richtig zu gebrauchen verstünde, ohne dies jemals erst mühsam lernen zu müssen? Hätte es so ganz „zufällig" andere Instinkte, unpassende, etwa die des Fischotters und versuchte infolgedessen mit seinen Sprungbeinen schwimmend nach Fischen zu jagen, es würde wahrlich im doppelten Wortsinne nicht allzu weit damit kommen!

Nein, alles „paßt" eben, wie wohlkomponiert, sinnvoll zusammen. Nach der Wahrscheinlichkeitsmathematik dürfte daher, allein durch Zufall, ganz gewiß kein einziges Eichhörnchen existieren – aber dennoch gibt es dieses Wunder an Zweckmäßigkeit, und nicht einmal Jacques Monod könnte dies ernsthaft bezweifeln. Aber neben Hunderttausenden seiner Art leben die nicht minder vollkommenen Hasen und Füchse, Mäuse und Löwen, Käfer, Fische und Krebse – alles, was da kreucht und fleugt, ist ob seiner Vollkommenheit ein einziger Hohn auf den Zufallsglauben.

Verständlich also, warum einer der ganz Großen der Wissenschaft einmal sagte: Die Annahme, alles, was uns an lebendigen Wesen umgibt, sei nur durch Zufall entstanden, erfordere weit, weit mehr frommen Glauben als die Annahme einer Erschaffung durch Gott!

Also doch ein „Gottesbeweis" mit Hilfe der Naturforschung, unter Berufung auf Eichhörnchen, Löwen oder gar Mäuse? Nein, sicherlich nicht! Das hieße denn doch die gesamte Naturwissenschaft trotz all ihrer bewundernswerten Erkenntnisse weit überfordern. Schließlich entsprechen ja sämtliche Lebewesen, ob Pflanzen oder Tiere, bei all ihrer unleugbaren Vollkommenheit nur, um auf Wernher von Brauns Vergleich zurückzukommen, den lichtschwachen „Kerzen" – und seit wann benötigte die strahlende Sonne dieses schwache Kerzenlicht, um für alle sichtbar zu werden?

Ei am Stiel!

Ein Name, so sagt man, verpflichtet!

Wer wäre deshalb wohl nicht enttäuscht, wenn er erfährt, daß ausgerechnet jenes unscheinbar schmutzigbraune Etwas, das mit seinen überlangen Flügeln so ungeschickt um die Leselampe flattert, den anspruchsvollen und vielversprechenden Namen „Goldauge“ trägt? Ein Irrtum? Keineswegs!

Man darf die Florfliege, wie das gern in unseren warmen Wohnungen überwinternde Insekt mit seinem zweiten, etwas gewöhnlicheren Namen auch heißt, ruhig einmal zwischen Daumen und Zeigefinger an ihren glasklaren Flügeln packen, um sie genauer zu betrachten. So zart und zerbrechlich, wie sie aussehen, sind diese Flügel nämlich durchaus nicht – und ebensowenig die fädchendünnen, biegsamen, unaufhörlich auf und ab zitternden Fühler. Aus der Nähe betrachtet, mit einer Lupe gar, zeigt sich denn auch, wie berechtigt der Märchenname Goldauge in der Tat ist. Wertvollen Perlen gleich funkeln die halbkugeligen Augen, und je nachdem, wie sie das Licht widerspiegeln, leuchten sie auch kupfergrün oder golden. Im Sommer ist die etwa zentimetergroße Florfliege übrigens von einer zart lindgrünen Färbung, denn erst, wenn es Herbst wird, verblaßt dieses Grün bei den überwinternden Weibchen zur Farbe welkender Blätter.

Nein, man sollte es nicht für möglich halten, daß diese hauchdünnen, durch ein kunstvolles „Ader“-Netz ausgesteiften Flügelchen von nicht einmal drei Zentimetern Spannweite den Körper des kleinen Netzflüglers zu tragen vermögen. Sind sie doch zwischen diesen dünnen Versteifungsrippen so durchsichtig wie die schillernde Haut einer Seifenblase! Und doch gäben unsere Flugzeugkonstrukteure wer weiß was dafür, gelänge es ihnen einmal, diesen phantastisch leistungsfähigen Flügelbaustoff, das Chitin, künstlich herstellen zu können. Es gibt kein Flugzeugmetall, das zugleich so fest und biegsam, tragfähig und leicht, dehnbar und zerreißfest, hitze- und kältebeständig, säure- und laugenunempfindlich wäre.

Selbst wenn diese einmalige chemische Verbindung von Eiweiß- und Zuckermolekülen in ätzender, hochkonzentrierter Kalilauge gekocht wird, verliert sie nicht einmal ihre Form. Könnten wir Autokarosserien aus diesem Chitin fabrizieren, dann wären weder Streusalz noch Lackkratzer, weder Rost noch Beulen mehr ein Problem!

Freilich: Dies alles ist keineswegs etwa nur durch den „Stoff“ selbst bedingt, sondern mehr noch durch seine innere Feinstruktur, die an technischer Vollkommenheit allerdings nichts zu wünschen übrig läßt. Selbst wenn es gelänge, den Baustoff Chitin im Labor herzustellen: diese innere Feinarchitektur nachzuahmen, wäre kein Ingenieur jemals in der Lage – allein schon wegen unserer viel zu groben Werkzeuge.

Schere eines Taschenkrebses

Auch die Krebsscheren sind nach dem Prinzip der Rohrzange gebaut. Wie beim Hirschkäfer-„Geweih" verhindern ihre winzigen Höckerchen ein Abrutschen am glatten Panzer des Gegners. Eines der unzähligen Beispiele für die Einheitlichkeit der lebendigen Schöpfung, denn Käfer und Krebse sind als Gliedertiere nur sehr „entfernte Verwandte".

Aber noch etwas sieht man dem zarten Geschöpf gewiß nicht auf den ersten Blick an: daß es nämlich ein wahres „Raubtier" ist und in nur zehn Minuten fünf bis sechs Blattläuse überfallen und vertilgen kann. Gemessen an seiner Größe bedeutet das: Ein Mensch müßte in derselben Zeit mindestens sechs ausgewachsene Hasen verzehren, wollte er es der Florfliege gleichtun!

Der gefährlichere Blattlausjäger ist jedoch die noch ungeflügelte Larve der Florfliege, die ihre Opfer mit zwei wahrhaft martialischen Kieferzangen anfällt und sie sich auf eine höchst originelle Weise einverleibt.

Die Kieferteile, aus denen sich diese Kieferzangen zusammensetzen, bilden zwischen sich enge, zu Röhren zusammengefügte Kanäle, durch die aus dem Mitteldarm der räuberischen Larve Verdauungssäfte in das „angebohrte" Opfer fließen und es in seiner eigenen, unverdaulichen Chitinhaut wie in einer modernen Bratfolie zu einer Art Bouillon auflösen. Diese „Fleischbrühe" schlürft die Florfliegenlarve durch den gleichen Kieferkanal wieder auf, ganz so wie unsereiner seine Limonade durch einen Strohhalm. Übrig bleibt von dem bedauernswerten Opfer lediglich die leere Haut.

Was die unscheinbare Florfliege instinktiv „richtig" leistet, wäre für einen intelligenten Menschen gewiß keine leichte Denksportaufgabe. Sie erinnert et-

Die Chitinhaut zwischen dem zarten Flügelgeäder der Florfliege ist so dünn wie die Haut einer Seifenblase – aber zerreißfest, säure- und laugenbeständig, unempfindlich gegen Hitze, Kälte, Trockenheit und Nässe.

was an den Mann, der mit einem Wolf, einer Ziege und einem Kohlkopf über den Fluß rudern mußte, aber immer nur eines von den dreien befördern konnte. Die Eier der Florfliege müssen nämlich dort abgelegt werden, wo die ausschlüpfenden Larven genügend Nahrung, also Blattläuse vorfinden – und gleichzeitig gilt es zu verhindern, daß diese Eier sofort nach ihrer Ablage selbst die leichte Beute anderer Insekten werden. Wie ist das möglich?

Auf den „Einfall" der bescheidenen Fliege wäre wohl kaum jemand gekommen: Sie befestigt jedes einzelne Ei an der Spitze eines dünnen, aber tragfesten Seidenfädchens. Dabei preßt das Weibchen die Spitze seines schlanken, ebenfalls grünen Hinterleibes fest auf ein Blatt oder einen Pflanzenstengel und läßt dann, während es ihn langsam wieder anhebt, aus seiner Spinndrüse ein winziges Tröpfchen Spinnflüssigkeit hervorquellen. Da sich die Öffnung dieser Drüse „zufällig" an der richtigen Stelle befindet, wird dabei die an der Luft rasch trocknende Flüssigkeit zu einem feinen, etwa einen Zentimeter langen, sehr stabilen und exakt überall gleich dicken Seidenfaden ausgezogen. Auf seine Spitze heftet die Florfliege, ihre Spinnflüssigkeit jetzt als Leim gebrauchend, ein nur punktgroßes, weißglänzendes Ei. Wie ein winziger Miniaturluftballon schwebt es nun über seinem Blatt – und über allen möglichen Feinden darauf. Sobald aber die Larve geschlüpft ist, fällt sie hungrig mit ihren Saugzangen über die reiche Beute her, die dieses vortreffliche, sorgsam ausgewählte Jagdrevier bietet. Niemand muß ihr zeigen, wie man dabei zu Werk geht, zumal sich die alte Florfliege nach der Eiablage nicht im geringsten mehr um ihre Nachkommen kümmert.

Genau nach einem angeborenen „inneren Plan" beendet die gefräßige Larve, der „Blattlauslöwe", wie sie der Volksmund treffend genannt hat, ihr Räuberleben und unternimmt nun wieder etwas, das wohlüberlegt und weise vorausgeplant anmutet, obwohl sie doch mit ihrem mikroskopisch kleinen Gehirn zweifellos weder überlegen noch planen kann, ja nicht einmal bemerkt, was sie da wie auf geheimen Befehl mit blinder, automatenhafter Sicherheit tut. Mit Hilfe in den Enddarm mündender Drüsen spinnt und webt sie einen feinen Seidenkokon, in den sie so akkurat hineinpaßt wie eine Geige in ihren Kasten. Verläßt sie nach ihrer Verpuppung unter dieser bergenden Hülle als fertiges Vollinsekt ihre selbstverfertigte Zufluchtstätte, wird sie ihre Eier ebenso kunstfertig auf Stielchen aus Seide setzen, weil es ihr Instinkt, die „angeborene Gebrauchsanweisung" für die richtige Benutzung aller Organe, zu gegebener Zeit so vorschreibt.

So wandelt sich nicht allein die Gestalt des Tieres und bleibt doch in jedem seiner Entwicklungsstadien – ob Ei, Larve, Puppe oder geflügeltes Insekt – stets vollkommen. Auch die angeborenen Verhaltensweisen, die Instinkte, ändern sich minuziös passend zur rechten Zeit und für die richtige Dauer! Der kleinste Fehler in dieser Harmonie müßte ja alles zerstören und zugrunde gehen lassen! Tatsächlich aber sind die Instinkte stets die einzige „richtige" Ergänzung der körperlichen Voraussetzungen und entsprechen den gerade vorherrschenden Bedürfnissen. Ein kleines, flatterndes Wunder!

Nach ihrer Überwinterung fliegt die Florfliege im Frühling an Blätter, auf denen Blattläuse schmarotzen, um dort ihre gestielten Eier abzusetzen.

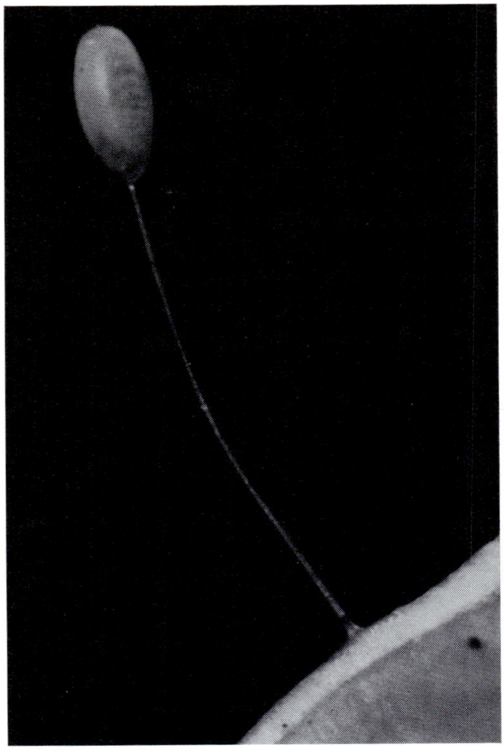

Das „Ei am Stiel" schwebt hoch über der Blattfläche – unerreichbar für Feinde, die auf diesem Blatt herumkriechen.

Ein Rätsel namens Hirschkäfer

Wenn das Turnier nicht solch ein ernstes Ende nähme, wenigstens für den einen der beiden Kämpen, man müßte über den seltsamen Anblick lauthals lachen. Da stelzen sie sechsbeinig im Stechschritt aufeinander zu, die gepanzerten Ritter, mit drohend aufgerecktem Vorderkörper und weit gespreizten Kieferzangen. Doch was sie vorhaben, sieht weit gefährlicher aus, als es in Wirklichkeit ist. Todernst wird so eine Auseinandersetzung zwischen Hirschkäfermännchen in den seltensten Fällen, denn das prahlerische Imponieren und Einschüchtern des Gegners, wie es bereits die Gladiatoren der Römerzeit vor dem Kampf in der Arena so meisterhaft verstanden, scheint wichtiger als dieser Kampf selbst.

Zudem ist es selbst mit den so gefährlich aussehenden Spitzen eines Hirschkäfer-,,Geweihs" kaum möglich, den harten Chitinpanzer eines Rivalen um Futterstelle oder Weibchen zu durchbohren und ihn lebensgefährlich zu verletzen. Jeder Käfersammler weiß aus eigener Erfahrung, daß dies oft nicht einmal mit einer Stahlnadel gelingt, weil sie wieder und wieder von dem wie glattpolierten Chitin abrutscht oder sich gar verbiegt, statt es zu durchdringen!

Auch Hirschkäfer machen da keine Ausnahme: Wenn zwei Männchen miteinander streiten, geht es in der Mehrzahl aller Fälle um ein Weibchen, manchmal allerdings auch nur um einen günstigen ,,Platz an der Theke", will sagen auf der griffigen Borke eines alten Eichenstammes, dort, wo eine kleine Verletzung den begehrten süßen Saft austreten läßt. Trotz ihres barbarischen ,,Geweihs" – es handelt sich dabei in Wirklichkeit um die für eine Spezialaufgabe umgebildeten Oberkiefer – sind unsere Hirschkäfer nämlich keine ,,Raubtiere", sondern eigentlich friedliche Säftelecker, und dabei gebrauchen sie vor allem ihre lange, pinselartig behaarte Zunge. Nein, das ,,Geweih" ist kein Mordwerkzeug – eher verhindert es, dem Hirschgeweih vergleichbar, dank seiner besonderen ,,technischen Konstruktion" das Töten eines Rivalen. Aber es ist nun einmal vorzüglich dazu geeignet, den anderen einzuschüchtern, ihn mit eisernem Griff gleichzeitig von beiden Seiten her um die gepanzerte Brust zu packen, nach allen Regeln einer fairen Ringkunst hochzustemmen und im weiten Bogen einfach aus dem Weg zu schleudern – nur so zur Seite oder, schlimmstenfalls, hinab vom Baum auf den Erdboden. Was soll dabei schon einem Käfer passieren, dessen Panzer derart stabil ist, daß er, wie der Volksmund berichtet, sogar einem Heuwagen standhält, der über ihn hinwegrollt? Wer sich übrigens – aus respektvollem Abstand, versteht sich! – diese Geweihzangen etwas genauer betrachtet, entdeckt auf ihren In-

Das ,,Geweih" eines Hirschkäfermännchens ist einer Rohrzange vergleichbar: Die Höcker auf seinen Innenkanten verhindern das Abrutschen am glatten Chitinpanzer des gepackten Gegners.

nenkanten eine geschlossene Reihe stumpfkegelförmiger kleiner Höcker. Sie sind es, die ein Abrutschen am glatten Panzer des Gegners verhindern und es überhaupt erst ermöglichen, ihn fest zu packen! Es handelt sich dabei um genau das gleiche technische Prinzip, wie es jede Rohrzange in ihren Rillen verwirklicht – eines der zahllosen Beispiele dafür, daß die lebendige Schöpfung viele geradezu raffinierte technische „Patentlösungen" bereits Jahrmillionen vor dem ersten Menschen kannte und gebrauchte, der in seiner Unwissenheit der stolzen Überzeugung war, sie mit seinem eigenen Scharfsinn „erfunden" zu haben.

Wenn es ein sportlicher Wettkampf wäre, zu dem die beiden Hirschkäfermännchen auf unserem Foto angetreten sind, kein Mensch würde auch nur einen Pfennig auf den Kleineren setzen, dessen „Geweih" nicht einmal halb so groß ist wie das seines Widerparts. Gar keine Frage also, daß er der Verlierer in diesem so ungleichen Kampf sein wird, falls er es nicht doch noch vorzieht, bereits vor dem Gepacktwerden eiligst das Feld zu räumen. Den Platz behaupten wird, komme es nun, wie es wolle, auf jeden Fall der andere, der Stärkere, besser für den Kampf Ausgerüstete, der rücksichtsloser mit seinen mächtigeren Waffen Streitende. Er wird es also sein, der seinen Hunger am Eichensaft in aller Ruhe und Ungestörtheit stillen kann, und er allein wird sich auch fortpflanzen, nachdem der Rivale außer Konkurrenz ist. Was Wunder also, wenn seine Nachkommen ebensolche kräftigen Recken werden und keine Kümmerlinge, Schwächlinge mit kampfuntauglichen „Geweihen"? Wer könnte noch daran zweifeln, daß Darwin völlig recht hat: Im Kampf ums Dasein setzt sich stets der Stärkere, der Brutalere und besser Angepaßte durch. So „verbessert" sich jede Tierart von Generation zu Generation, muß sie geradezu zwangsläufig immer vollkommener werden. Alles Unvollkommene wird ja automatisch ausgemerzt in diesem Daseinskampf, fällt der erbarmungslosen natürlichen Auslese, der „Selektion", zum Opfer. Nur auf diese recht simple Weise, so wenigstens behaupten Darwins Anhänger, soll also in Wirklichkeit alles zustande gekommen sein, was wir als sinn- oder gar planvoll, als höchst zweckmäßig in der lebendigen Natur bestaunt haben – auf völlig „natürliche" Weise, ohne geheimnisvolle Ziele, ohne einen Sinn oder Zweck. Was braucht es also da noch einen Schöpfer? Die natürliche Auslese, so schrieb vor Jahren ein bekannter englischer Zoologe, verkehrt Ziellosigkeit in Richtung und blinden Zufall in offensichtliche Planmäßigkeit. Gewiß: Ein solches Glaubensbekenntnis verdient allein schon wegen des missionarischen Eifers, mit dem es verteidigt und verbreitet wird, eine gewisse Anerkennung. Wo in der Welt der Gläubigen findet man so viel blindes Vertrauen auf ein „Dogma", und sei es auch ebenso leicht eingängig und scheinbar ganz problemlos logisch wie das vom Überleben des Tüchtigeren im Kampf ums Dasein? Oder sollte der greise Nobelpreisträger und weltberühmte Entdecker der „Bienensprache", Karl von Frisch, doch recht haben, als er sagte, wer an dieses Dogma glaube, dessen Blick müsse in der Tat getrübt sein für das unermeßliche Gebiet des völlig Unbekannten? Wäre er nämlich wirklich klar, dieser Blick, nicht sektiererisch eingeengt und sozusagen durch eine von

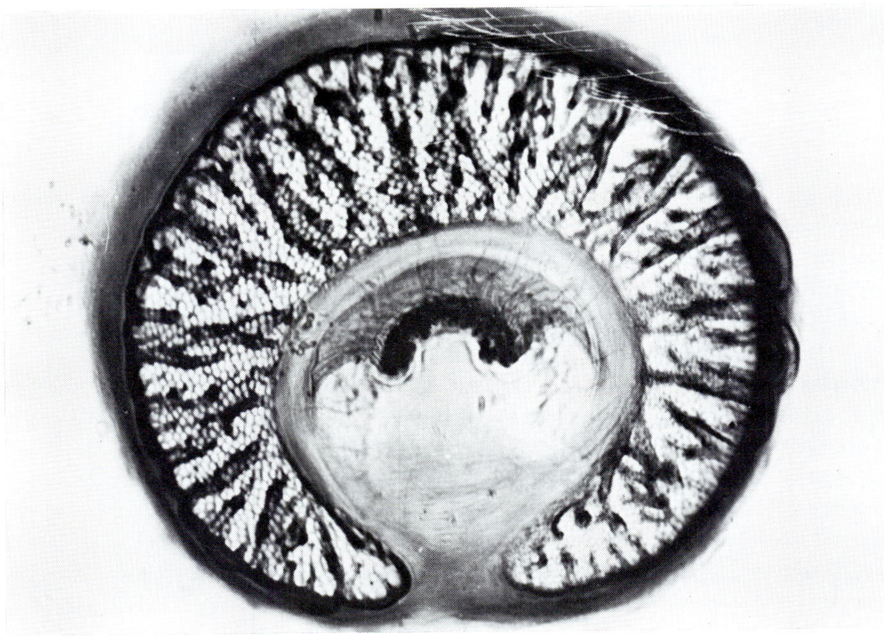

Oben: Sobald der Hirschkäfer etwas Bedrohliches wahrnimmt, richtet er seinen Vorderkörper auf und spreizt seine wehrhaften Zangen.

Unten: Die Atemöffnungen an den Flanken des Hirschkäferengerlings sind durch halbmondförmige Siebplatten vor dem Eindringen von Erd- und Mulmpartikelchen geschützt.

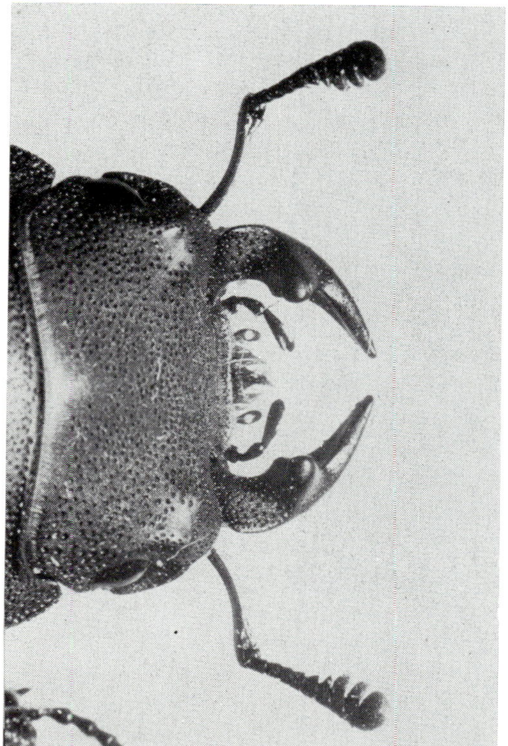

Links oben: Wenn der schwächere Käfer mit dem kleineren „Geweih" nicht rechtzeitig flieht und es zum Kampf kommt, wird er unweigerlich der Verlierer sein.

Rechts oben: Normalgefärbte helle und dunkle Mutante des Birkenspanners auf der durch Industriestaub stark gedunkelten Borke einer Birke in Mittelengland. Hier sind die dunklen Mutanten (Pfeile am Bildrand!) kaum zu erkennen.

Links: Der „Auslesewert" der martialischen Hirschkäfergeweihzangen wird fragwürdig, wenn man bedenkt, daß der Balkenschröter, der kleinere Vetter des Hirschkäfers, auch mit sehr viel kürzeren Oberkiefern überlebt!

Wunschvorstellungen gefärbte Brille getäuscht, wie könnte ihm verborgen bleiben, daß die unerhörte Mannigfaltigkeit aller lebendigen Gestalten und ihrer so erstaunlichen Leistungen ein einziger Hohn ist auf einen derart ohnmächtigen Versuch, sie mit unseren beschränkten Erkenntnismitteln restlos erklären zu wollen? Ist das vergleichsweise nicht ganz so, als verkünde einer im Brustton der Überzeugung, er kenne nun das Geheimnis der künstlerischen Ausstrahlung von Michelangelos Pieta im Petersdom zu Rom, denn er habe festgestellt, daß sie aus Marmor, chemisch gesprochen: aus kohlensaurem Kalk besteht?

Auf dem Fernsehschirm jedenfalls wirkte es recht einleuchtend, als der Moderator, wenn auch an einem bekannten Beispiel aus der Welt der Schmetterlinge, diese angebliche ,,Schöpferkraft" der natürlichen Auslese zu veranschaulichen versuchte. Er hatte im Studio einen kleinen Wald aus Birkenbäumen aufgebaut und auf deren helle Borke aus weißer und schwarzer Pappe ausgeschnittene Schmetterlingsattrappen gesteckt. Dann ließ er in seinem Birkenwald Schulkinder auf ,,Schmetterlingsjagd" gehen, wobei gewonnen hatte, wer innerhalb einer Minute die meisten Attrappen einsammeln konnte. Das Ergebnis entsprach bei Besichtigung der Jagdstrecke ganz den Erwartungen. Die ,,gefangenen" schwarzen Schmetterlingsattrappen übertrafen die weißen ganz erheblich an Zahl. Damit hatte der Moderator anschaulich die Wirkung der natürlichen Auslese demonstriert: auffallende Tiere werden von ihren Feinden rascher entdeckt und daher gefressen, fallen also bevorzugt der ,,Selektion" zum Opfer. Übrig bleiben die weniger auffallenden, in diesem Falle also die hellen, die sich von der weißen Birkenborke nicht abheben.

Als sich in mittelenglischen Industriegebieten die Borke der Birken infolge zunehmender Luftverunreinigung immer dunkler färbte, sollten sich die Rollen vertauschen. Jetzt waren die rein weißen Schmetterlinge auffällig und wurden bevorzugt von Vögeln gefangen, während ihnen die dunkler gefärbten entgingen. Dadurch entstand nach und nach, weil schließlich nur noch diese dunkleren Spielarten oder Varietäten zur Fortpflanzung kamen, dort eine ausschließlich dunkler gefärbte Rasse des sonst weißen Birkenspanners.

Kein Wunder also, daß uns stets nur ,,vollkommene" Pflanzen und Tiere begegnen – braucht es doch weder eines Planes noch eines Zieles in der Schöpfung, die ,,natürliche Auslese" regelt das alles ohne jede Absicht, ohne irgendeinen erkennbaren Sinn.

Tut sie das wirklich, diese reichlich voreilige Patenterklärung für eine schier unübersehbare Überfülle erstaunlich zweckmäßiger Gestalten und Leistungen im Reich des Lebendigen? Begeht nicht, wer so vordergründig urteilt, genau den gleichen Denkfehler, der bereits vor hundert Jahren allzu eifrige und einseitige Verfechter von Darwins Auslesetheorie dem Spott nüchtern denkender und sachlich urteilender Wissenschaftler aussetzte? Um bei unserem Beispiel zu bleiben: sowohl der weiße Schmetterling als auch seine dunkler gefärbte Varietät müssen ja, soll die natürliche Auslese in diesem unerbittlichen Kampf ums Dasein einen von ihnen erhalten, den anderen hingegen ausmerzen, zunächst überhaupt erst einmal da sein. Das allerdings erfordert ein sinnvoll geordnetes Zusammenspiel unwahrscheinlich vieler Einzelfaktoren.

Es beginnt mit der Eiablage am „rechten“, also möglichst vor Feinden schützenden, verborgenen Ort an der „richtigen“, der dafür geeigneten Futterpflanze – in der Regel auf der vor abspülenden Regentropfen sicheren Unterseite eines Blattes. Instinktiv frißt das geschlüpfte Räupchen nur jenes Futter, auf das seine Verdauungsdrüsen eingestellt sind, und zwar genau bis zu dem Augenblick, da es nach einer letzten Häutung so wohlgenährt ist, daß es sich verpuppen kann. Aber auch bei den Vorbereitungsarbeiten der Raupe für die Puppenruhe in einem sorgsam angelegten Erdkokon darf kein einziger, noch so geringfügig erscheinender Fehler unterlaufen. Schließlich darf der fertige Schmetterling, der sich – auf eine völlig unbegreifliche Weise! – unter seiner braunen Puppenhaut in all seinen Proportionen, versehen mit allen Organen und Instinkten, die er zum Leben braucht, „richtig“ entwickelt hat, erst schlüpfen, wenn es wieder Frühling geworden ist. Und genau das tut er auch – wobei es mindestens ebenso unbegreiflich bleibt, wieso sich eigentlich niemand mehr darüber wundert. Selbst jede einzelne der abertausend Flügelschuppen dieses Schmetterlings sitzt am „rechten“ Fleck, ordnet sich fehlerlos dem arteigenen Zeichenmuster ein. Dies alles, und, wenn wir an den Aufbau der verschiedenen Sinnes-, Verdauungs-, Bewegungs- und Fortpflanzungsorgane denken, noch viel, viel mehr, muß, wohlgeordnet, bereits vorhanden sein, bis die natürliche Auslese an einem so buchstäblich „oberflächlichen“ Merkmal wie der mehr oder weniger hellen Flügelschuppenfärbung überhaupt wirksam werden kann.

Nein, es ist keineswegs verwunderlich, daß im Kampf um Nahrung und Weibchen jener männliche Hirschkäfer siegt, der das größere, stärkere „Geweih“ besitzt. Verwunderlich, ja letzthin unbegreiflich ist vielmehr, woher dieser im Kampf ums Dasein bevorzugte Käfer sein „Geweih“ und alle anderen Organe hat, die er zum Kämpfen und Überleben nun einmal braucht. Sie müssen als unabdingbare Voraussetzung ja erst einmal in all ihrer Vollkommenheit vorhanden sein, um überhaupt mit ihnen kämpfen, siegen und überleben zu können.

Seine große Larve, die zunächst im Boden, dann aber im Eichenmulm lebt, verschließt zum Beispiel ihre Atemöffnungen an den Körperflanken durch regelrechte Siebe mit winzigen Poren, die das Eindringen von Bodenkrümeln oder Bohrmehl wirksam verhindern. Und die männliche Larve, die während ihrer Verpuppung im fünften Sommer ihres Lebens das mächtige „Geweih“ bildet, baut sich instinktiv eine genau entsprechende, größere Verpuppungskammer als die weibliche, die normalgroße Oberkiefer entwickelt.

All dies setzt die „natürliche Auslese“ voraus – aber sie erklärt es nicht, es sei denn, man beruft sich bei der Entstehung aller Vollkommenheit in Körperbau, Organfunktion und Instinktverhalten auf den Zufall. Dies jedoch, so bemerkte ein französischer Literaturpreisträger treffend, setzt weit mehr frommes Vertrauen voraus als jener Glaube, der „nur“ Berge versetzen kann.

Nur eine gewöhnliche Stinkmorchel!

Pilze sind die natürlichen Feinde aller Poesie!

Da mag einer mit den erhabensten Gedanken beschäftigt im Wald so für sich hinschreiten, steht urplötzlich mitten im Weg ein stattlicher, saftigrunder Steinpilz, ist es aus und vorbei mit aller Romantik und Naturschwärmerei. Herz und Gemüt haben zu schweigen, und einzig der Magen regiert!

Noch mehr aber als der unerwartete Anblick des Pilzes weckt offenbar sein Geruch uralte, vom Steinzeitmenschen ererbte Jagdinstinkte in uns. Mögen wir auch, gemessen am wohlabgerichteten Spürhund, nur eine recht unempfindliche Nase haben – auf diesen feinwürzigen, erdigen Pilzduft scheint sie ganz besonders geeicht zu sein! Wem liefe dabei, längst bevor sein suchender Blick den Pilz selbst erspäht hat, nicht bereits das Wasser im Mund zusammen?

Doch zugegeben: Über Geschmack läßt sich nicht streiten, denn wie das Sprichwort sagt, was dem einen sin Uhl, ist dem anderen sin Nachtigall. Wieso in aller Welt aber ein Waldpilz, ein recht gewöhnlicher und häufiger obendrein, ausgerechnet jenen „Duft" verströmt, auf den gewisse Fliegen und Aaskäfer so begierig sind, daß sie selbst von weitem angelockt werden, das soll mir mal einer nur mit dem blinden „Zufall" erklären! Da gibt es unzählige verschiedene Düfte und Duftkombinationen auf unserer Erde – und er hat haargenau den einen herausgefunden, auf den die empfindlichen Geruchsinnesorgane dieser Kerbtiere ansprechen, den einzigen, auf den sie sozusagen geeicht sind, während alle anderen, Moschus und Ambra oder was immer es auch sei, überhaupt nicht für sie existieren.

Die Stinkmorchel macht ihrem Namen keine Schande, sie stinkt in der Tat infernalisch nach Fäulnis und Verwesung. Schon lange bevor man den hohen weißen Stiel des seltsamen Pilzes mit seinem olivgrünen, zipfelmützenartigen Hut auf dem rötlichbraunen Nadelwaldboden entdeckt, verrät ihn dieser unverkennbare Geruch. Es ist übrigens jener merkwürdige Hut, der den süßlichen Aasgeruch erzeugt, genauer gesagt der so überaus unappetitliche, ja ekelerregende zähe Schleim, von dem er völlig eingehüllt ist. Und auf diesem häßlichen Schleim sitzen die Fliegen und Käfer, saugen an ihm mit offensichtlichem Genuß und tragen ihn, da er von klebriger Beschaffenheit ist, an ihren vielen Füßen mit sich fort. Irgendwo anders, weit entfernt vielleicht, wo sie sich später wieder niederlassen, werden sie diese Schleimreste unbemerkt am morschen Holz eines vermodernden Baumstrunkes, an welkenden Blättern oder dem krümeligen Erdboden abstreifen.

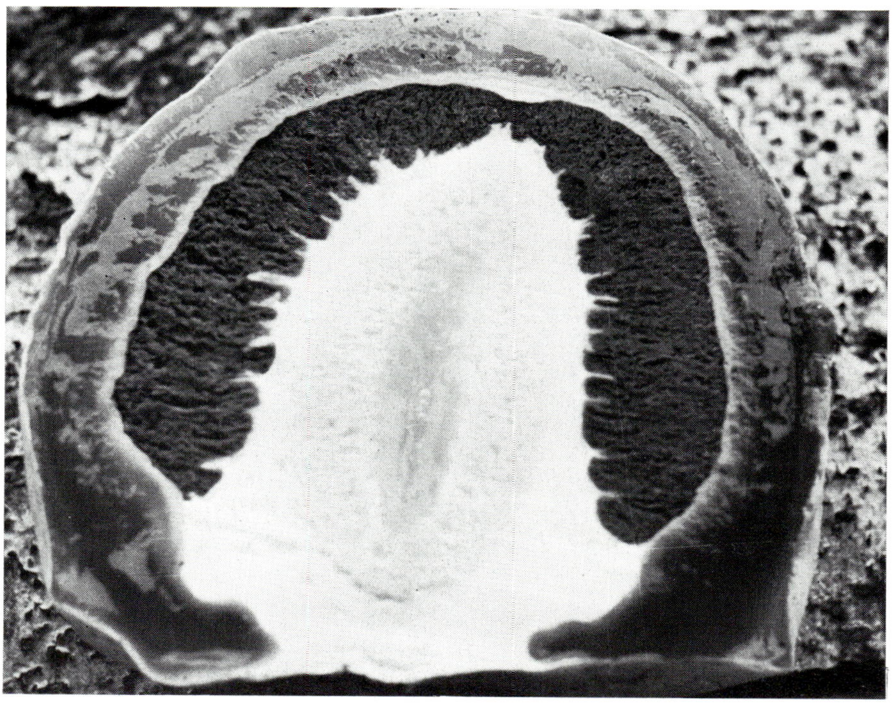

Oben: So lugt das „Hexenei“ aus der Nadel- oder Laubstreu des Waldbodens.

Unten: Das durchgeschnittene „Hexenei“ zeigt den ziehharmonikaartig zusammengefalteten Stiel, darüber die vorspringenden Wabenleisten des Hutes.

Genau dies war die Absicht des Pilzes – wenigstens würde man so sagen, wenn ein Pilz überlegen und schließen, ja, wie gerade dieses Beispiel so eindrucksvoll zeigt, geradezu mit Raffinesse planen könnte. In diesem stinkenden, für manche Insekten jedoch so überaus verlockend duftenden Schleim hat er nämlich seine Sporen verpackt und sie auf solch ausgeklügelte Weise auf die Reise geschickt. Wo immer sie auch in die Erde gelangen, werden sie zu einem feinen unterirdischen Fadengeflecht, einem Pilzmyzel auskeimen, aus dem dann später immer wieder neue Stinkmorcheln hervorwachsen und den Waldboden durchbrechen. Nein, die lebendige Schöpfung ist alles andere denn einfallslos, wenn es darum geht, eine Pflanzenart zu erhalten und zu verbreiten.

Doch damit sind die Eigentümlichkeiten dieses Pilzes, der den ausgefallenen Geschmack seiner sporenverbreitenden „Gäste" so minuziös trifft, keineswegs etwa erschöpft. Im Gegenteil: Mag schon das Anlocken dieser Helfer bei der Arterhaltung und Artverbreitung, das zum Verweilen einladende Anbieten eines nahrhaften Futters und das fast hinterlistig anmutende Ankleben der Sporen an ihren Körper wie Vorausberechnung erscheinen, um so mehr gilt das für die wahrhaft erstaunliche Entwicklungsgeschichte der Stinkmorchel. Nein, es sind keine Eier, deren auffällige weiße Schalen hier und da aus der dunklen Nadelstreu des Fichtenwaldes hervorlugen. Wenn man die etwa tennisballgroßen, nahezu kugelrunden Gebilde vorsichtig mit den Fingern aus dem lockeren Humusboden gräbt, spürt man eine prall gespannte, elastische Haut – und wehe dem, der etwa versucht, so ein „Hexenei", wie der Volksmund sie genannt hat, in der Hosentasche nach Hause zu tragen. Es tut ihm zwar keine in diesem rätselhaften Ei verborgene Hexe etwas zuleide, dafür jedoch beginnt er urplötzlich mehr als eine ganze mittelalterliche Hexenküche zu stinken. In der Wärme seiner Tasche hat sich etwas geregt unter der derben Eihaut, und was der entsetzte übelriechende Sammler daraus hervorzieht, ist eine fix und fertig entwickelte, große Stinkmorchel, die ihrem schlechten Ruf alle Ehre macht.

Wenn man wissen will, wie so etwas möglich ist, braucht man nur das „Hexenei" behutsam mit einem scharfen Taschenmesser wie einen zu teilenden Apfel durchzuschneiden. Es entpuppt sich als ein wahres Überraschungsei. Unter der weißen, vor dem Austrocknen schützenden Schale umhüllt eine glasig schimmernde Gallertschicht den Pilz. Deutlich sind sie zu erkennen, der wabenartig gekammerte Stiel und sein olivgrüner Hut. Nur: zusammengeschoben wie ein gerade nicht benutzte Autoantenne oder Ziehharmonika. Wirklich, die Stielwände scheinen ganz genauso in engste Falten gepreßt, und genau hierin liegt des außergewöhnlich raschen „Wachstums"-Rätsels Lösung. Der Pilz, der da in einer warmen Hosentasche oder nach einem lauen Regen so stürmisch, ja fast explosionsartig aus seiner bergenden Hülle bricht, „wächst" ja gar nicht, er entfaltet sich nur aus seinem eng verpackten, zusammengepreßten Zustand.

Diese Streckung der gefalteten Kammerwände des weißen Pilzstieles dauert bei den einzelnen Stinkmorchelarten unterschiedlich lang. Eine davon bringt es gar auf das schier atemberaubende Tempo von fünf Millimetern in der Minute. Man kann also durchaus zuschauen, während sich die Kammern aufblähen und mit Luft füllen.

Erstaunlich, daß ein Pilz, eine niedere „Sporenpflanze" also, gewissermaßen etwas vorwegnimmt, das doch allein den höheren Pflanzen mit ihren bunten Blüten vorbehalten schien: das Anlocken von Tieren, die dabei helfen sollen, ihre Art zu verbreiten. Aber schließlich kennen wir zahllose Parallelen ähnlicher Art in der lebendigen Schöpfung, Zeugnisse ihrer Einheit bei aller Vielfalt.

Denn auch für das Wegschleudern der Samen durch besondere „technische" Einrichtungen wie für ihre Verbreitung durch den Wind finden wir bei den Pilzen auffallende Parallelen. So schleudert zum Beispiel ein reifer Fruchtkörper des Feuerschwamms oder Zunderpilzes, der wie eine zierliche Konsole auf der Borke morscher Buchenstämme sitzt, deren Inneres seine Hyphen als riesiges Netzwerk durchwuchern, über Monate hinweg Tag für Tag viele Milliarden Sporen aus unzähligen, feinsten Öffnungen auf seiner Unterseite. Da sie mikroskopisch klein sind, genügt bereits der leiseste Lufthauch, um sie über beachtliche Strecken davonzutragen!

Das Unbegreiflichste allerdings bleibt bei unserer Stinkmorchel die unbestreitbare Tatsache, daß hier eine unscheinbare, ja verachtete und verabscheute Pflanze im Dunkel des feuchten Waldbodens bis in die letzten Feinheiten alles vorbereitet, was sie später einmal benötigt, um sich weiterzuverbreiten.

Da bilden sich an der Oberfläche des heranwachsenden „Hexeneis" fest zusammenhängende Zellen zu einer schützenden, straffen Haut aus, die alles andere umhüllt. Dicht darunter verschleimen andere Zellen und stellen, sozusagen als winzige chemische Laboratorien, den anlockenden „Duft"-Stoff her. Wieder andere bilden die von den angelockten Insekten fortzuschleppenden Vermehrungskörperchen, die Sporen, aus, und ganz im Inneren

Links oben: Die Aasfliegen und Käfer haben bereits den gesamten übelriechenden Schleim mit allen Sporen vom wabigen Hut der Stinkmorchel entfernt.

Rechts oben: Die Konsolenpilze sind nur die Fruchtkörper eines im Stamm des befallenen Baumes weit verzweigten Pilzmyzels. Aus Tausenden von Poren auf ihrer Unterseite rieseln Sporen und werden vom Wind davongetragen.

Links unten: Auch der Fliegenpilz ist unter einer umhüllenden Haut schon fast fertig gebildet. Wenn er sich streckt und zu wachsen beginnt, reißt sie.

Rechts unten: Die Boviste verbreiten ihre Sporen wieder auf eine andere Weise: Ihr Hut öffnet sich an der Spitze, und sobald ein vorübereilendes Tier ihn berührt, stäuben hunderttausende winziger grünlicher Sporen aus dieser Öffnung, und der Wind trägt sie davon!

schließlich teilen sich diese Pflanzenzellen jeweils nur in ganz bestimmten Richtungen, so daß eng zusammengefaltete „Ziehharmonikawände" entstehen – und just so lange, daß ihrer an keiner Stelle auch nur eine einzige zu viel wäre. Denn in der Tat: Wenn sich dieser in gefaltetem Zustand heranwachsende Pilzstiel schließlich entfaltet und streckt, ist er völlig ebenmäßig gebildet, kerzengerade und ohne verunstaltende Runzeln oder Höcker.

Es wäre freilich sinnlos, von der Naturwissenschaft zu erwarten, daß sie uns erklärt, wieso das Wachstum all dieser Abertausende von Zellen genau in der einzig sinnvollen Richtung und mit so unglaublicher Präzision für die rechte Zeit und Dauer erfolgt. Nein, sogar mit all ihren kunstreichen chemischen Analysen und verwirrenden Formeln vermag sie dieses streng geordnete Geschehen nicht begreiflich zu machen. Denn selbst wenn es gelingt, Wuchsstoffe aus dem Pilz zu isolieren, die Zellteilung und Zellstreckung zu beeinflussen, so bleibt die entscheidende Frage nach wie vor offen: Wie kommt es denn, daß diese Wuchsstoffe gerade zur passenden Zeit, in der richtigen Zusammensetzung und Konzentration für die rechte Dauer gebildet werden? Wer gebietet ihrem Wirken Einhalt, sobald der Pilzstiel seine endgültige Größe erreicht hat – und dies in zusammengefaltetem Zustand? So führt jede naturwissenschaftliche Erkenntnis nur zu immer wieder neuen Fragen, und die eigentliche Ur-Sache des Geschehens rückt in stets weitere Fernen und bleibt für immer verborgen.

Was der wachsende Pilz fertigbringt, erinnert an die vielfach bestaunte Fingerfertigkeit von „Zauberkünstlern", die mit ihrer Schere geheimnisvoll verschlungene Linien in ein eng zusammengefaltetes Blatt Papier schneiden. Am Ende auseinandergefaltet, zeigt es plötzlich ein fehlerfreies, streng geordnetes Spitzendeckenmuster. Wer würde sich nicht darüber verwundern, daß ein Mensch so viele verschnörkelte Muster vorausplanen, ja offenbar irgendwie voraus-schauen kann und nach diesem „inneren Plan" zielsicher seine Schere führt? Doch über den inneren Plan der Stinkmorchel wundern wir uns seltsamerweise nicht. Den nehmen wir unüberlegt als selbstverständlich hin – und rümpfen allenfalls die Nase über ihren „Duft".

Kalk – nichts als Kalk?

Eigentlich ist es doch reichlich merkwürdig! Viele Menschen, darunter selbst ansonsten durchaus phantasiebegabte Wissenschaftler, können sich partout nicht vorstellen, daß auf unserer Erde etwas völlig Neues, vorher nie Dagewesenes entstehen oder zu irgendeinem Zeitpunkt ihrer langen Entwicklungsgeschichte entstanden sein könnte. Nicht einmal mit dem Leben, dessen älteste Spuren sich möglicherweise gar zwei Milliarden Jahre zurückverfolgen lassen, ist nach ihrer Meinung etwas Andersartiges und Neues auf dem Plan erschienen!

Wer dies allen Ernstes behauptet, dem bleibt freilich keine andere Möglichkeit offen, als anzunehmen, zumindest in recht einfachen „Vorstufen" oder kaum merklichen Spuren müsse Leben bereits in der nur äußerlich als tot erscheinenden Materie, in den Mineralien, Gesteinen, ja sogar den chemischen Elementen versteckt vorhanden sein. Ja, führt man solche Gedanken einmal ganz konsequent zum Ende, dann bleibt nicht einmal am menschlichen Geist, an unserem Bewußtsein etwas Ursprüngliches, Originell-Einmaliges übrig. In schier „unendlich verdünnter Form", so meinte gar ein Professor der Psychiatrie, müsse dieses menschliche Bewußtsein schon in den Molekülen und Atomen der Materie angelegt sein. Später erst, als die rein materiellen Voraussetzungen dafür mit dem menschlichen Gehirn gegeben waren, konnte sich dieser zuvor gewissermaßen fein verteilte Geist, jetzt verdichtet in nahezu 15 Milliarden Nervenzellen, auch äußern. Es war nur folgerichtig, wenn er selbst vom toten Wasserstoffatom, dem Urbestandteil aller Materie, behauptete, es enthielte bereits alle Informationen, die erforderlich waren, um alles entstehen zu lassen, was da existiert – also auch Leben und Geist! Schon beim „Big bang", dem Urknall, mit dem das Universum vermutlich seinen Anfang nahm, soll alles vorprogrammiert gewesen sein – einschließlich unseres Denkvermögens.

Einem Chemiker, der solches behauptet, mag man dies ob seiner mangelhaften Vertrautheit mit den Eigentümlichkeiten und den Gesetzen des Lebendigen noch nachsehen. Daß sich ausgerechnet aber auch Biologen, die doch Tag für Tag in ihren Laboratorien wie draußen in der freien Natur Zeugen einer ununterbrochenen Neubildung von Pflanzen und Tieren aus oft winzigen Keimen sind, hartnäckig weigern, das Entstehen von etwas Neuem grundsätzlich für möglich zu halten, das ist – gelinde gesagt – schon mehr als verwunderlich. Es läßt sich allenfalls erklären mit ihrer Furcht vor allem Unerklärlichen, der für Wissenschaftler in der Tat nicht leicht zu verkraftenden Erkenntnis, daß ihre von der Chemie oder Physik her so vertrauten und bewährten „exakten" Methoden versagen, wenn es darum geht, das Phänomen Leben zu verstehen. Dann streitet man eben lieber einfach ab, daß es überhaupt

etwas gibt, was die tote Materie nicht zuwege bringt, was grundsätzlich neu und mehr wäre!

Aber gibt es denn irgendwelche erkennbaren Spuren von Leben in der toten Materie, oder ist auch bei dieser Theorie, wie so oft bei biologischen Erklärungsversuchen uns unbegreiflicher Erscheinungen und Zusammenhänge, der Wunsch Vater des Gedankens? Nun – man braucht eigentlich nicht viel mehr zu tun, als kritisch zu vergleichen, was die Kräfte der unbelebten Natur und was ein lebendiges Tier aus der gleichen Materie werden lassen, dann fällt die richtige Antwort nicht allzu schwer. Wer in Jugoslawien oder Südfrankreich eine der weltberühmten Tropfsteinhöhlen besucht, den faszinieren nicht nur Weitläufigkeit und Größe dieser unterirdischen „Feenpaläste", sondern vor allem die unvorstellbare Vielfalt der bizarren Formen, in denen sich hier ein toter Stoff – nichts als Kalkstein – den staunenden Augen darbietet. Schäumende „Wasserfälle", sorgsam ziselierte Säulen, reichverzierte Kandelaber, ja Altäre neben kunstvoll geschnitzten Kanzeln, Thronsessel und Springbrunnen vermeint der Höhlenwanderer zu erblicken, auch allerlei Märchenfiguren, Gnomen und Elfen aus einem unbekannten Reich der Tiefe. Bei näherer Betrachtung allerdings verflüchtigt sich der Zauber. Die Phantasie des Betrachters war es, die alle jene Formen und Gestalten in den toten Stein „hineingesehen" hat. Was bei nüchterner Untersuchung übrigblieb, sind Tropfsteingebilde ohne Sinn und Zweck, rein zufällig in Jahrtausenden beim Auskristallisieren von kohlensaurem Kalk aus dem im Erdboden durch unzählige Risse und Spalten herabrieselnden Wasser entstanden.

Warum hielt man nicht einmal im Mittelalter die versteinerten Meeresschnecken und -muscheln mitten im Kalkstein küstenferner Gebirge für Zufallsgebilde wie die Tropfsteinsäulen? Wußte doch damals kein Mensch von den gewaltigen Veränderungen, dem unaufhörlichen Wechsel zwischen Meeresüberflutungen und Gebirgsbildungen, die das Antlitz unserer Erde ständig veränderten. Leonardo da Vinci, der große Gelehrte und Künstler, wurde ausgelacht, als er schon vor dem Jahr 1500 behauptete, es handle sich selbst in den höheren Kalkalpen bei diesen Gebilden um echte Überreste von Tieren, weil das Meer vor undenklichen Zeiten sogar die heutigen Berggipfel bedeckt hätte. Eher wollte man glauben, die steinernen Tiergehäuse seien auf göttliches Geheiß bei Erschaffung der Welt entstanden, gewissermaßen als Modelle oder leblose Entwürfe der erst später ins Leben gerufenen Schnekken und Muscheln.

Nein, an ein zufälliges Entstehen dieser rätselvollen Gebilde konnte schon damals niemand glauben, weder der ungebildete Mann aus dem Volk noch der Naturforscher da Vinci. Dafür waren sie denn doch viel zu regelmäßig, zu kunstvoll und vor allem zu zweckmäßig gestaltet. Die „Ammonshörner" aus

Die aufgesägte Schale eines Nautilus-Tintenfisches läßt die „Gaskammern" deutlich erkennen. In strenger geometrischer Ordnung verjüngen sich die Kammern zu einer vollkommenen Spirale.

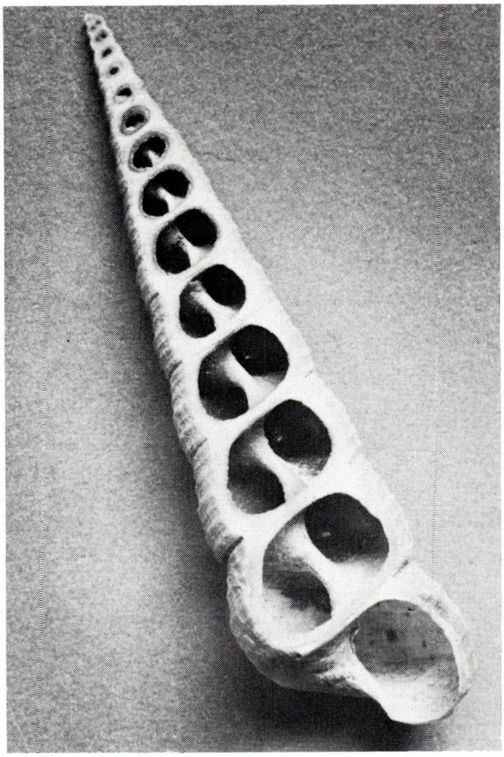

dem Kalkgestein, das die Meere der Jurazeit vor nahezu 180 Millionen Jahren abgelagert haben, lassen heute noch deutlich die zahlreichen, spiralig aufgerollten Luftkammern erkennen, dank deren Auftrieb im Meerwasser die Tiere trotz des hohen Gewichtes dieser Kalkgehäuse schwimmen konnten. Es waren Tintenfische, als Weichtiere nahe Verwandte unserer heutigen Schnekken.

Selbst die unscheinbarste Weinbergschnecke bringt zustande, was in keiner Tropfsteinhöhle unserer Erde, keinem noch so gewaltigen Kalkgebirge durch Lösen und Wiederausscheiden von Kalk zufällig entsteht: ein regelmäßig gewundenes Gehäuse, so exakt bemessen, daß es dem ganzen Tier bei Gefahr Zuflucht bietet und alle seine lebenswichtigen Organe vor Verletzungen schützt. Es besteht aus Kalk – dem gleichen Stoff also, aus dem sich auch die Tropfsteine bilden, und die chemischen Umsetzungen, die zu seiner Entstehung führen, sind tatsächlich bei beiden Gebilden genau die gleichen.

Was jedoch durch dieses chemisch durchaus gleiche Lösungs- und Ausscheidungsgeschehen einmal an der Decke oder auf dem Boden der Tropfsteinhöhle, zum anderen am „Mantelrand“, einer den Schneckenkörper umhüllenden Hautfalte, entsteht, ist unendlich verschieden voneinander. Die gleichen chemischen Vorgänge, die in der unbelebten Natur nur Sinnloses, Zufälliges und keinem Zweck Dienendes hervorbringen, erzeugen sozusagen „im Dienste“ des lebendigen Tieres ein höchst zweckmäßiges, wichtigen Lebensaufgaben dienendes Gebilde. Wenn man eine Schneckenschale vorsichtig auf Glaspapier reibt, entstehen kleine Fenster in dem dünnwandigen, aber dennoch festen Kalk. Sie gestatten Einblick in die innere Struktur. Und da zeigt sich nun, daß dieses Haus wie eine Wendeltreppe konstruiert ist. Nach oben, zur Spitze hin immer enger zusammenlaufende Windungen umschlingen eine „Spindel“ in ihrer Mitte als feste Achse.

Doch nicht sie allein verleiht dem dünnen Kalkgehäuse eine erstaunliche Druckfestigkeit. Seine Wände sind nämlich in jedem Umgang so exakt „berechnet“ gewölbt, daß jeder von außen auf sie einwirkende Druck, von welcher Seite auch immer er kommen mag, gleichmäßig verteilt und ein Zerbrechen dadurch verhindert wird. Während ihres Winterschlafes verschließt die

Links oben: Ein genau passender Deckel, der an ihrem Fuß angewachsen ist, verschließt bei Ebbe die Schale der Strandschnecke, so daß sie die vorübergehende Trockenheit überleben kann.

Rechts oben: Durch Reiben auf Glaspapier gelingt es, eine solche Turmschnecke, ohne dabei das Kalkgehäuse zu zerbrechen, seitlich zu öffnen. Man erkennt im Inneren die „Wendeltreppe“ des schraubenartig konstruierten Gehäuses. Sie verleiht ihm nicht allein Festigkeit, sondern bietet zugleich auch Anheftungsfläche für Organe des Tieres.

Links unten: Durch genau geregelte Perioden der Tätigkeit und Pausen dazwischen färben besondere Farbstoffdrüsen die wachsende Schale. Dadurch entstehen ganz bestimmte Muster, die keinerlei lebenserhaltendem Zweck dienen.

Rechts unten: An diesem versteinerten Inhalt einer Schnecke aus der Muschelkalkzeit sind die regelmäßigen Windungen der Gehäuseumgänge noch nach Jahrmillionen gut zu erkennen.

Weinbergschnecke ihr Haus mit einem eigens zu diesem Zweck abgesonderten weißen Kalkdeckelchen, das fugendicht in die weite Öffnung paßt. Erst wenn die Frühlingswärme das Tier in seinem Versteck unter Erde, Steinen und Moos wieder weckt, stößt es diesen Deckel auf und wirft ihn nach außen ab. Die kleineren Schnirkelschnecken verzieren ihr Haus durch dunklere Streifen, die sich ganz regelmäßig in festgelegten Abständen parallel als Bänder von der Spitze bis zur Mündung winden. Besondere Drüsen, durch genauestens festgelegte Abstände und Zwischenräume voneinander getrennt, erzeugen den erforderlichen Farbstoff. Aber nicht bei allen Schneckenarten erfolgt die geordnete Farbstoffverteilung nach dem gleichen Muster. Wird dieser Farbstoff zum Beispiel während des Wachstums nicht ununterbrochen, sondern in regelmäßigen Abständen erzeugt, so entsteht ein gesprenkeltes Schneckenhaus.

Links oben: Weinbergschnecke (links) und Schnirkelschnecke im Winterschlaf. Die Öffnungen ihrer Gehäuse sind durch einen genau passenden weißen Kalkdeckel verschlossen.

Links unten: Im Frühling erwacht die Weinbergschnecke aus dem Winterschlaf, wirft den Kalkdeckel ihres Hauses ab und begibt sich sofort auf die Nahrungssuche.

Rechts unten: Schnirkelschnecke kriecht über ein Blatt. Ihr Haus ist regelmäßig gebändert – die Folge von Pigmentbildung durch Drüsen, die in ganz bestimmten räumlichen Abständen am Mantel, der den Schalenkalk ausscheidet, angeordnet sind.

Dies also ist das absolut Neue, das mit dem Lebendigen als seine erstaunlichste Fähigkeit in Erscheinung tritt: daß es die Materie formt und ihr eine sinnvoll geordnete Gestalt verleiht. Von dieser Fähigkeit fehlt der toten Materie selbst jede, auch die geringste Spur. Gewiß: In den Kristallen kann auch sie geordnete Gebilde hervorbringen, aber die sind allenfalls schön, niemals jedoch einer bestimmten Aufgabe zugeordnete „Zweckformen".

Versuchte man, all die vielen, bis heute bekannt gewordenen Formen von Schneckenhäusern allein durch Auslese im Kampf ums Dasein zu erklären, man geriete in nicht geringe Verlegenheit. Es müßte dann ja alles, was keine lebenerhaltende Bedeutung hat, was keinen Vorteil bietet gegenüber den Konkurrenten um Nahrung und Fortpflanzung, längst ausgemerzt, der Selektion zum Opfer gefallen sein! Wie wollte man also auf diese Weise begreiflich machen, wie die tausenderlei verschiedenen Farbmuster, all die zahllosen, nur der „Verzierung" dienenden Modellierungen der Schneckenhaus-Außenwände von der einfachen, vorspringenden Leiste oder regelmäßigen Knopfreihen bis hin zu den seltsam geformten „Auswüchsen" vieler Meeresschnecken zustande kamen? Sie erfüllen in der Tat keinerlei „Zweck" – und dennoch haben sie sich entwickelt und behauptet, werden sie nach strengen Gesetzen von einer Generation zur nächsten weitervererbt, ohne die geringste Bedeutung für eine Auslese im Kampf ums Dasein! Ja, mehr noch: Ein Schneckenhaus wäre in vielen, vielleicht sogar der Mehrzahl aller Fälle überhaupt nicht erforderlich! Immerhin gibt es eine nicht unerhebliche Anzahl schalenloser Nacktschneckenarten, die sich zweifellos ebenso erfolgreich im Kampf ums Dasein bewährt haben wie die schalentragenden. Auch sie sind ebensowenig der natürlichen Auslese zum Opfer gefallen wie unser „Balkenschröter", der dort, wo sein größerer Verwandter, der Hirschkäfer, so martialische Geweihzangen trägt, nur zwei kaum über die Norm vergrößerte, zum Kämpfen wenig taugliche Kiefer aufzuweisen hat!

Nein, keine Auslesetheorie vermag zu erklären, wieso überall in der lebendigen Natur die Mannigfaltigkeit an Formen und Farben weit, weit größer ist, als es die Notwendigkeit des puren Überlebens, das bloße Behaupten im Daseinskampf erfordert. Das Ausmaß an Ordnung, das uns in der Welt der Pflanzen und Tiere begegnet, geht nahezu unüberschaubar weit hinaus über das Nur-Zweckmäßige!

Links oben: Tropfsteine einer Höhle in der Schwäbischen Alb. Der gleiche chemische Prozeß, der hier nur sinnfreie Zufallsgebilde schafft, wird vom lebenden Tier dazu benutzt, äußerst zweckmäßige und einer strengen Ordnung folgende Gehäuse zu bilden.

Rechts oben: Dieses versteinerte „Ammonshorn" aus dem Jurameer ist ca. 150 Millionen Jahre alt. Die in regelmäßiger Spirale eingerollten Kammern waren gasgefüllt, um der schweren Schale den zum Schwimmen nötigen Auftrieb zu verleihen. In der letzten, äußersten Kammer saß der Tintenfisch.

Links unten: Auch Schneckenhäuser sind nicht unbedingt zum Überleben im Daseinskampf erforderlich: Nacktschnecken kommen auch ohne sie aus!

Rechts unten: Schneckenhausähnliche, gekammerte Kalkgehäuse findet man schon bei winzigen einzelligen Tieren! Mikroskopische Aufnahme solcher „Foraminiferen" aus Meeressand.

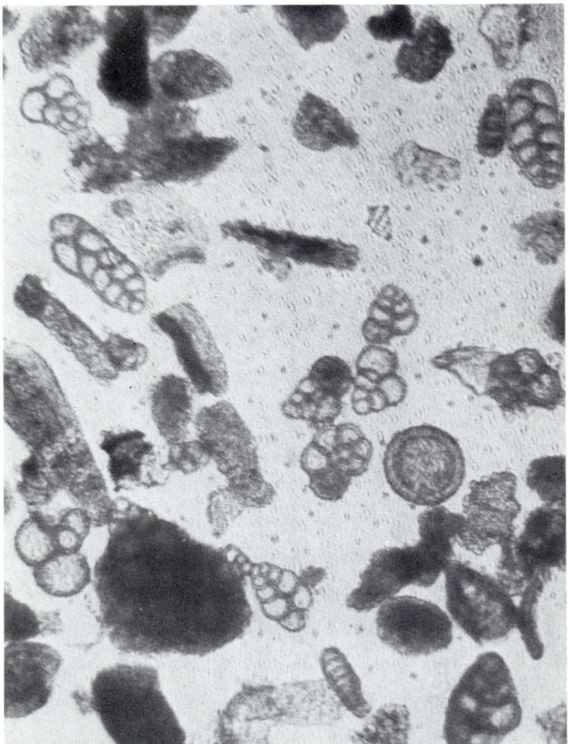

Jene die Materie ordnenden ,,lenkenden Kräfte des Organischen" (Russell) können freilich nicht durch naturwissenschaftliche Forschungsmethoden nachgewiesen werden, eben weil sie selbst nicht Materie sind, mit der allein es der Chemiker zu tun hat. Es gibt kein Reagens auf ,,Zweckmäßigkeit", ebensowenig wie es ein chemisches Nachweismittel etwa für ,,Kunst" gibt.

Wer käme wohl auf die absurde Idee, den Baustil eines Domes aus der chemischen Zusammensetzung seiner Bausteine erklären zu wollen? Auch die gotische Kathedrale Notre Dame zu Paris besteht ,,nur" aus Kalk, dem gleichen chemischen Stoff, aus dem unsere Weinbergschnecke ihr Haus bildet. Damit aber aus diesem gewöhnlichen kohlensauren Kalzium die weltberühmte Kirche werden konnte, bedurfte es des menschlichen Erfindergeistes, eines von gelehrten Architekten mit viel Sinn für Harmonie und Schönheit entworfenen Planes. Auch dieses herrliche Bauwerk aus Kalk zeigt ,,nutzlose" Verzierungen, die lediglich schön sind und keinerlei anderen, praktischen Zweck erfüllen.

Bleibt die Frage offen, woher denn bei unseren Schnecken der Plan eigentlich stammt, die nicht zu leugnende Harmonie und Schönheit ihrer ganzen spielerischen Mannigfaltigkeit!

Das Kalkskelett eines Seeigels ist streng fünfstrahlig-symmetrisch aufgebaut. Die regelmäßig angeordneten winzigen Halbkugeln sind die Gelenkkugeln der ebenfalls aus Kalk bestehenden Stacheln, die das Tier auf den Gelenkkugeln nach allen Seiten bewegen kann.

Und wer konstruierte die Sonnenblumen?

Es dürfte jetzt bereits über ein Vierteljahrhundert her sein, seit Archäologen im Norden der kleinen, damals noch ganz unbedeutenden Fischerstadt La Escala am spanischen Golf von Rosas zu graben begannen. Bis heute ist ihre Forscherarbeit noch nicht abgeschlossen, ja vorläufig auch kein Ende abzusehen, denn täglich fast stoßen sie auf mehr als zwei Jahrtausende alte Beweise einer hohen Kultur: auf patinaüberzogene Münzen, zerbröckelnde Keramiken, prachtvolle Gläser und Statuen oder herrliche Mosaikfußböden. Nach einem ausführlichen Bericht, den uns der römische Geschichtsschreiber Titus Livius hinterlassen hat, stand an dieser Stelle die uralte, von Griechen gegründete Handelsstadt Ampurias.

Freilich: Es hätte nicht einmal dieses niedergeschriebenen historischen Zeugnisses bedurft, um zu beweisen, daß hier ehemals klug und umsichtig vorausplanende, berechnende Baumeister und begnadete Künstler am Werk waren. Schon die ersten suchenden Spatenstiche legten verwitterte Gemäuerreste frei. Keiner, der auch nur ein paar dieser so sorgsam und regelmäßig aufeinandergeschichteten Mauersteine gesehen hat, am wenigsten aber einer der Forscher selbst, wäre wohl auf die absurde Idee verfallen, es hier nicht mit Menschenwerk zu tun zu haben, sondern mit einem Zufallsergebnis blind und ziellos wirkender Naturkräfte. Ihren ganzen Spott und Hohn hätten sie über jeden ausgegossen, der etwa behaupten wollte, ein Vulkanausbruch oder Erdbeben habe diese Steine gerade so übereinandergehäuft, daß sie nun zufällig genau im rechten Winkel aneinandergrenzende Mauern bilden – mit Fensteröffnungen und Türen, Treppenstufen und sogar kannelierten Säulen in ausgesparten Innenhöfen!

Wäre aber ein Zweifler gar so weit gegangen, auch die kunstvollen griechischen und römischen Mosaikfußböden als das Zufallsergebnis eines vulkanischen Aschenregens zu deuten, man hätte ihn gewiß nicht zu Unrecht als einen Geisteskranken bezeichnet! Bedarf es doch keineswegs besonderer mathematischer Fähigkeiten, um sich auszurechnen, daß eine rein zufällige, also nicht sinnvoll auf ein im Geist vorweggenommenes Ziel hin geplante regelmäßige Anordnung verschieden gefärbter und gestalteter Steine in streng geometrischen Mustern derart „unwahrscheinlich" ist, daß ihre Unmöglichkeit zur Gewißheit wird! Die Unwahrscheinlichkeit einer zufälligen Entstehung dieser Mosaikfußböden wird zudem ja noch ins Unendliche gesteigert durch ihr gehäuftes Vorkommen auf einem verhältnismäßig engen Raum.

Kein Zweifel, wer diese Mosaiken entworfen und ausgeführt hat, der muß viel von Mathematik und Geometrie verstanden haben. Die Stelle eines jeden Steinchens ist genau vorausberechnet, das Ergebnis sind sich präzise unter

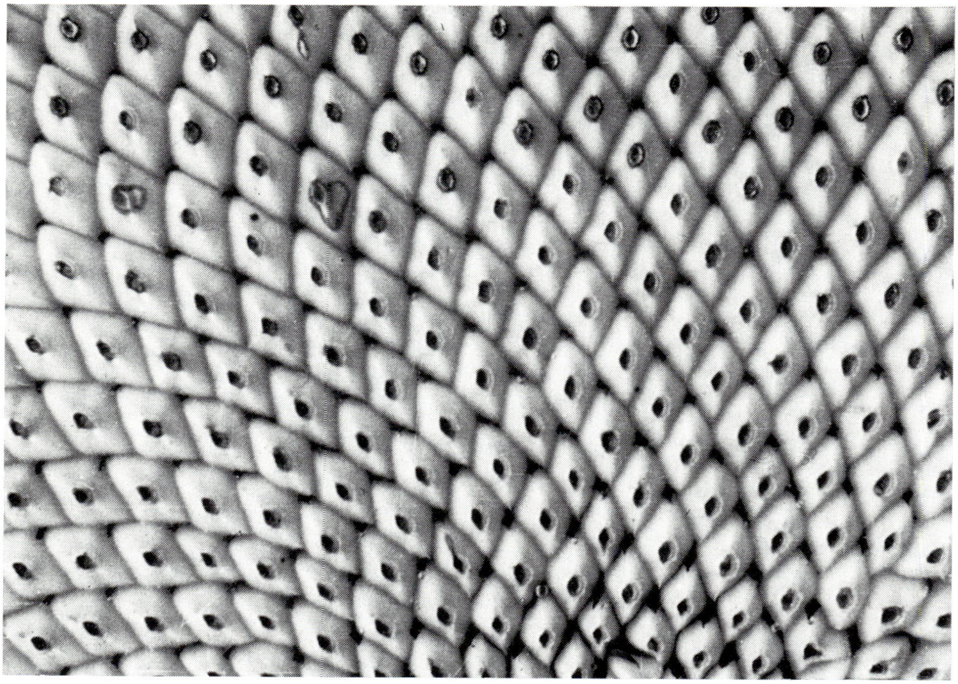

bestimmten Winkeln schneidende Bogenlinien, exakte Spiralen, regelmäßige Vielecke und Mäander. Wer etwas davon versteht, kann nach mehr als 2000 Jahren aus der Ordnung dieser Steinmuster die Formeln rekonstruieren, nach denen ihr Schöpfer sie plante und schließlich verwirklichte.

Oder sollte er sie doch nicht völlig frei erfunden haben, diese besondere „Ordnung" seiner Mosaiksteine? Hat ihn möglicherweise ein Vorbild dazu inspiriert? Wer das schönste dieser Mosaiken aus dem antiken Ampurias mit etwas so Alltäglichem wie dem reifen Blütenboden einer Sonnenblume vergleicht, der macht eine recht verblüffende Entdeckung. Die im Querschnitt rautenförmigen Früchte sind in nicht minder regelmäßigen Bogen- und Spiralreihen angeordnet wie die Steine im Mosaikfußboden eines alten Griechenhauses.

Und ganz ebenso wie bei einem Mosaik oder einer kunstvollen Intarsienarbeit grenzen auch auf dem Blütenboden der Sonnenblume die Kerne lückenlos aneinander. Das heißt aber, daß sie im Verlaufe ihres Wachstums und allmählichen Dickerwerdens zu einem ganz bestimmten, offensichtlich von Anfang an festgelegten Zeitpunkt dieses Wachstum einstellen, gleichsam wie auf geheimen Befehl, der im gleichen Augenblick alle ohne Ausnahme erreicht und von ihnen auch prompt befolgt wird! Allerdings: Diese Natur-Ordnung konnte dem antiken Meister nicht zum Vorbild dienen, denn unsere Sonnenblume stammt aus Mittelamerika, das damals noch lange nicht entdeckt war. Aber schließlich macht sie keineswegs etwa eine Ausnahme, denn jeder Fichtenzapfen zeigt in stets gleicher, fehlerloser Ordnung eine ganz entsprechende Stellung seiner zahllosen Schuppen!

Wer die kleine Mühe nicht scheut, kann es ja einmal nachprüfen. Nur sei ihm geraten, beim Abzählen der Schuppen von unten nach spitzenwärts hin und wieder eine davon zu kennzeichnen, damit er sich nicht allzu oft irrt und womöglich wieder von vorn beginnen muß. Er wird dabei einige überraschende Entdeckungen machen! Diese Schuppenblätter sitzen nämlich nicht nur in völlig regelmäßigen, aufsteigenden Schraubenlinien mathematisch exakt angeordnet an ihrer Zapfenachse. Erst die einundzwanzigste steht wieder genau senkrecht über der ersten, die zweiundzwanzigste über der zweiten und so weiter! Der abzählende Finger muß dabei jeweils achtmal den Zapfen umkreisen. Die Botaniker nennen diese Schuppenblattstellung daher die 8/21-Stellung. Der Winkel zwischen zwei in der Schraubenlinie aufeinander folgenden Schuppen beträgt jeweils präzise $137^1/_7$ Grad! Dank dieser so regelmäßigen Anordnung ist die Schuppenhülle des Zapfens, unter der verborgen und geschützt die Samen heranreifen, lückenlos – und dennoch bedeckt nicht eine

Oben: In der Anordnung der Sonnenblumenkerne auf dem Blütenboden lassen sich unschwer strenge geometrische Leitlinien erkennen.

Unten: Griechisches Fußbodenmosaik von Ampurias. Seine Konstruktion setzt gediegene Kenntnisse in der Geometrie und großes handwerkliches Können voraus.

einzige dieser vielen braunen Schuppen irgendeine andere und macht ihr dadurch während des Heranwachsens das lebensnotwendige Sonnenlicht streitig!

Nein, niemand wäre in der Lage, zu erklären, wodurch beim Reifen eines Sonnenblumen-Blütenbodens mit seinen ölhaltigen Früchten oder eines ganz gewöhnlichen Fichtenzapfens mit allen Samenanlagen und Schuppenblättern diese Ordnung entsteht. Wieso beginnen stets an der einzigen „richtigen" Stelle die Zellen, sich schneller zu teilen und dabei der neuen Aufgabe entsprechend umzugestalten? Was hält diesen beschleunigten Wachstumsprozeß umgekehrt eines Tages wiederum gerade im „richtigen" Augenblick an, dann nämlich, wenn die endgültige, die Reifegestalt erreicht ist, wenn die Frucht oder auch nur die Schuppe ebenso ohne störende Lücke wie verunstaltende Auswüchse genau in das „Mosaik" hineinpaßt? Wie oft stößt unser Fuß achtlos einen Fichtenzapfen auf moosüberwachsenen Waldwegen zur Seite, wer denkt schon daran, wieviel ungelöste Rätsel er uns stellt?

Ja, man sollte sich schon seine Gedanken machen über den Ursprung jener Überfülle an Ordnung, die uns in der Welt der Pflanzen ständig begegnet. Selbst so etwas Alltägliches wie die himmelblaue Blüte eines behaarten Gartenborretsch gibt unserem kritischen Verstand Rätsel auf, die alle Wissenschaft von Wuchsstoffen und Hormonen nicht zu lösen vermag. Schon um diese Borretschblüte auch nur einigermaßen exakt nachzuzeichnen, bedarf es bereits gediegener mathematisch-geometrischer Kenntnisse. Die Spitzen sowohl der blauen Kron- als auch der grünen Kelchblätter bilden nämlich jeweils ein völlig regelmäßiges Fünfeck. Um diese streng symmetrische geometrische Figur ohne Winkelmesser, nur mit Hilfe des Zirkels zu konstruieren, muß der Radius des Kreises, auf dem die fünf Ecken liegen, nach der Proportion des Goldenen Schnittes unterteilt werden. Das bedeutet: sein kürzerer Abschnitt muß sich zum längeren verhalten wie dieser zur Summe beider Abschnitte. Ist die richtige Schnittstelle gefunden, läßt sich der längere Radiusabschnitt genau zehnmal auf dem Kreisumfang abtragen. Damit sind die insgesamt zehn Ecken zweier „auf Lücke gestellter" Fünfecke, wie sie sämtliche Blütenblätter unseres Borretsch darstellen, markiert.

Unbegreiflich, wie diese fehlerlose mathematische Ordnung unter einer winzigen, bergenden Knospenhülle aus Millionen sich teilender Zellen entsteht! Welche verborgenen, unbekannten Kräfte sind das, die dieses Geschehen lenken und ihm ein vorherbestimmtes Ziel setzen?

Es ist freilich mehr als merkwürdig, daß einerseits die geometrische Ordnung eines Fußbodenmosaiks, ja schon einige wenige regelmäßig aufeinandergetürmte Steine den Wissenschaftlern schlüssig beweisen: Hier war ein denkender, genial planender und schaffender Meister am Werk – andererseits aber die weit kompliziertere und vielfältigere Ordnung, wie sie alle Lebewesen in ihrem Körperbau verwirklichen, von den gleichen Wissenschaftlern als reines Zufallsprodukt ohne Sinn oder Ziel abgetan wird! Wo bleibt da ei-

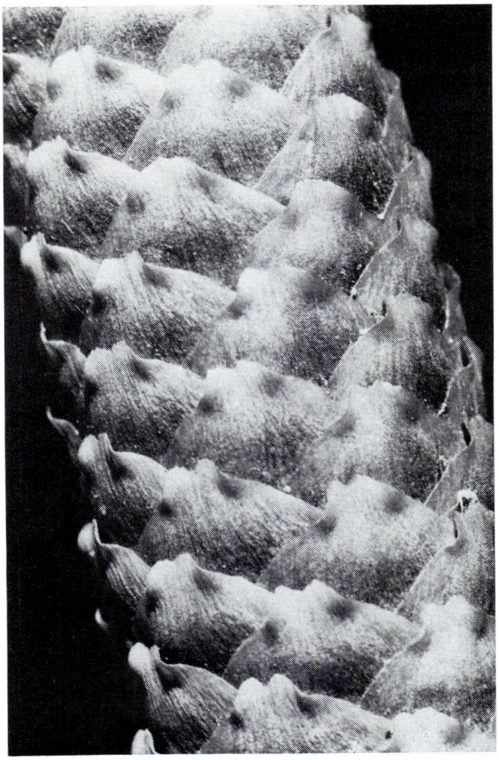

Oben: Regelmäßige Anordnung der Schuppenblätter um die Achse eines Fichtenzapfens. Unschwer lassen sich mehrere, einander in verschiedenen Richtungen überkreuzende, aufsteigende Schraubenlinien erkennen.

Rechts oben: Im Maiskolben sind die Kerne regelmäßig und so raumsparend wie möglich angeordnet. Ein Maurer benötigt Lot und Wasserwaage, wenn er Steine in gleicher Weise neben- und übereinander setzen will.

Rechts: Kronblätter und Kelchblätter der Borretschblüte bilden jeweils die Strahlen eines regelmäßigen Fünfecks.

gentlich die Logik, die stets aufs neue gerühmte Objektivität des naturwissenschaftlichen Denkens und Forschens, wenn derart willkürlich mit zweierlei Maß gemessen wird? Ist denn eine Steinmauer mehr und vollkommener als ein Lebewesen, ein von Menschen mühsam Steinchen für Steinchen zusammengefügtes Mosaik mehr „Ganzheit" als unsere Sonnenblume oder die Blüte eines Gartenborretsch, die ihre geometrische Ordnung nach innerem Gesetz aus winzigem Keim selbst aufbauen und erhalten?

Mag sein, daß ein Molekulargenetiker wie Jacques Monod etwas zu „dicht" an seinem Forschungsobjekt arbeitet, an diesem lebendigen Organismus, den er in seinem bekannten Buch über „Zufall und Notwendigkeit" so unbefangen als reines Zufallsprodukt abstempelt. Da mag es denn schon vorkommen, daß er, der preisgekrönte Spezialist, jenen so verschwindend kleinen Teil des Organismus, den die Erbsubstanz ausmacht, zu gut kennt und sich zu ausschließlich mit ihr allein beschäftigt hat, um dieses „Ganze" des Lebewesens, auf das es doch gerade bei solchen entscheidenden Aussagen wesentlich ankommt, überhaupt noch im Blick zu haben!

Genau dies aber wollte der Nobelpreisträger und weltbekannte Erforscher der „Bienensprache", Karl von Frisch, zum Ausdruck bringen, als er offen bekannte: „Wer . . . meint, er könne mit unseren Kenntnissen von den Erbanlagen, Mutationen und natürlicher Auslese die Entstehung aller Lebenserscheinungen erklären, dem haben wohl die jüngsten Erfolge der Genetik den Blick getrübt für das unermeßliche Gebiet des völlig Unbekannten."

Längsschnitt durch eine Kastanienknospe

Jede einzelne Knospe ist ein kleines Wunderwerk der Schöpfung! Bereits im Sommer wird in ihr, wohlverborgen unter dicht schließenden Schuppen, all das angelegt und vorbereitet, was erst im nächsten Frühling entfaltet werden soll. Wasserabstoßendes Harz verklebt die sich dachziegelartig deckenden braunen Knospenschuppen, und eine dichte Lage filzig-weißer Haare isoliert gegen die Winterkälte. Winzig klein, aber doch bereits erkennbar, sind hier auf engstem Raum Blätter, Blütenstände und Blütenknospen angelegt! Zur rechten Zeit werden sie sich entfalten – und genauso lange heranwachsen, bis ihre richtige, vorherbestimmte Größe erreicht ist!

Auf magischen Pfaden

Selbst beim Holzhacken kann man seine „Wunder" erleben!

Nicht gerade das berüchtigte „blaue Wunder", aber doch hin und wieder ein kohlpechrabenschwarzes. Tatsächlich sieht es ganz so aus, als seien die regelmäßig leiterartig angeordneten Gänge, die der spaltende Axthieb mitten im Holzscheit freigelegt hat, mit einer glühenden Stricknadel hineingebrannt. Aber natürlich ist dem nicht so, es waren keine Brandnadeln, sondern die mit bloßem Auge kaum zu erkennenden messerscharfen Kieferchen eines nur wenige Millimeter langen Holzbohrerkäferweibchens. Die Holzbohrer gehören zu jenen Borkenkäfern, die diesen Namen eigentlich zu Unrecht tragen, weil sie als „Holzbrüter" ihre Gänge tief unterhalb der Borke im Holz selbst anlegen. Und das bringen sie nun alle, ohne jemals dabei zugeschaut zu haben, ohne die erforderliche Intelligenz, ja auch nur die Zeit, etwas zu lernen, auf genau gleiche Art und Weise fertig. Die Käferweibchen nagen zunächst einen waagerechten Gang durch die Rinde des Baumes tief ins Holz hinein. Dort drinnen jedoch wendet dieser Gang urplötzlich wie nach einem unhörbaren Befehl scharf um und folgt einem Jahresring. Senkrecht dazu, also nach oben und unten, legt das unermüdliche Tierchen kurze Seitengänge an und legt schon während dieser anstrengenden Arbeit die ersten Eier.

Wer nun glaubt, die bald daraus schlüpfende Larven würden sich gar von zernagtem Holz ernähren, der befindet sich gewaltig im Irrtum. Nein, sie sind Feinschmecker, die nahrhafte Pilzkost dem trockenen Holz vorziehen! Für einen mit Pilzen reichlich „gedeckten Tisch" hat nämlich ihre Mutter rechtzeitig vorgesorgt. Natürlich hat sie auch das nicht gelernt, sie kann es jedoch mit der Routine eines erfahrenen Spezialisten: Pilzgärten anlegen und pflegen! Aus ihrem eigenen Mutternest brachte sie die Pilzsporen mit, die sie gleich zu Beginn ihrer Arbeit in den emsig vorangetriebenen Stollen aussäte. Nach kurzer Zeit schon überwucherten die Pilzfäden alle Wände der verborgenen Gänge, und die Larven brauchen sozusagen nur noch diese Tapete – eine ständig nachwachsende Tapete! – aus „Ambrosia", wie man diese Pilze genannt hat, abzuweiden. Auf eine derartige Idee sind nicht einmal die Erfinder des Schlaraffenlandes gekommen!

Aber noch etwas ist für eine Käfermutter erstaunlich: sie stirbt nicht nach der Eiablage und überläßt ihre Nachkommen ganz sich selbst, sondern bleibt am Leben und sorgt noch für eine Weile für ein gedeihliches Wachstum ihrer Pilzkulturen. Nein, sie weiß nichts davon, daß Pilze eine hohe, gleichbleibende Luftfeuchtigkeit benötigen, sollen sie kräftig wachsen und wuchern, sie hat ja schließlich weder eine Gärtnerlehre absolviert noch gar Botanik studiert. Aber dennoch beherrscht sie auch die Kunst der gärtnerischen Pflege von Pilzkulturen und sorgt, ohne Thermometer und Hygrometer, für eine gleichbleibende Wärme und Feuchtigkeit. Eigentlich ist das ja ganz einfach, man muß es eben

nur können: Wenn es draußen zu trocken ist, verschließt das Käferweibchen die Haustür, die Öffnung des Muttergangs, durch einen Pfropfen Bohrmehl – und öffnet erst wieder, wenn es kräftig geregnet hat! Auch bei Kälte oder übergroßer Hitze bleibt die Haustür vorsorglich verschlossen.

Das alles ist zweifellos als sinnvoll geordneter Ablauf von Instinkthandlungen „wunderbar", aber allein schon der offensichtlich streng vorgezeichnete Weg der Käfermutter, den sie bei ihrer Arbeit ohne davon abzuweichen einhält und der zu guter Letzt das unverwechselbare „Fraßbild" liefert, scheint des Nachdenkens wert. Der baltische Baron Jakob von Uexküll, der Wegbereiter unserer modernen Verhaltensforschung, hätte hier von einem „magischen Weg" gesprochen. Schließlich wird er ja ohne Wollen und Wissen, ohne Kontrolle und Irrtum gewissermaßen mit schlafwandlerischer Sicherheit eingehalten!

Aber das gilt schließlich gleichermaßen für alle Borkenkäfer. Die Weibchen einer jeden Art folgen ihrem magischen, ihrem eingegebenen Weg, ganz so wie der Birkenrüßler, wenn er seine beiden mathematisch exakten Kurven ins Blatt schneidet. Das Weibchen des Obstbaumsplintkäfers bohrt einen etwa 5–12 Zentimeter langen, senkrechten Muttergang zwischen Rinde und Holzkörper eines Baumstammes. In kleine, eigens zu diesem Zweck ausgenagte Nischen zu beiden Seiten dieses Ganges legt es 50–80 Eier, aus denen alsbald Larven schlüpfen, die senkrecht zum Muttergang Seitengänge bohren und sich dabei vom Gewebe der Rinde sowie dem Saft, der in ihren Fraßgang einströmt, ernähren. Der Dickenzunahme ihrer wohlgenährten Bewohner entsprechend werden diese Larvenfraßgänge allmählich immer breiter und enden schließlich in einer „Puppenwiege", einer Erweiterung, in der sich die Larve verpuppt. Der junge Käfer, der später aus dieser Puppe schlüpft, frißt sich dann auf dem kürzesten Wege nach draußen durch. So ist also diesem unscheinbaren Tier in jedem Alter – als Larve, als Jungkäfer und als Mutterkäfer – ein ganz bestimmter Weg vorgezeichnet, und dieser Weg ist erstaunlicherweise stets der einzig richtige!

Auch die Larven anderer Insekten, von Schmetterlingen und Fliegen, verfolgen zweifellos streng vorgezeichnete Wege, wenn sie ihre „Minen" in das Gewebe lebender Blätter nagen. Das geordnete Zusammenspiel beginnt schon mit der Eiablage auf der richtigen Wirtspflanze. Die ausgeschlüpften Larven fressen nun nicht wahllos an dem Blattgewebe, sondern beschränken sich auf eine bestimmte Zell-Lage und lassen immer die Blattoberhaut als schützendes Dach über ihren Minen unversehrt – ganz so, als wüßten sie, daß andernfalls sie selbst und ihre Nahrung vertrocknen müßten! Die kleine Schmetterlingsraupe, deren Instinkt ihr mit untrüglicher Sicherheit vorschreibt, von einem Mittelpunkt ausgehend im Inneren des Blattes ständig in immer weiteren Kreisen das Gewebe um sich herum abzunagen, erzeugt eine

Gangmine einer Insektenlarve, die, dem allmählichen Wachsen des Tieres entsprechend, nach ihrem Ende zu immer breiter wird. Sie folgt weitgehend der Mittelrippe des Blattes. Das Blattoberhäutchen bleibt erhalten und leuchtet hell. So kann das Blattgewebe darunter, von dem die Larve lebt, nicht austrocknen.

„Platzmine", über deren Hohlraum die erhalten gebliebene Blattoberhaut silberweiß glänzt.

Andere Minierer bewegen sich während des Fressens in einer ganz bestimmten Richtung vorwärts und erzeugen dadurch einen Gang, der bei den verschiedenen Arten auch ganz unterschiedlich aussieht. Der Dickenzunahme des Schmarotzers entsprechend erweitern sich alle diese Blattminen gegen ihr Ende hin ganz allmählich. Manche Minierer verpuppen sich auch in ihrer Mine, während andere wieder das Blatt durch eine kleine Öffnung in seiner dünnen Oberhaut verlassen und sich ein zur Verpuppung geeignetes Versteck suchen, meistens im Erdboden, wo sie ungestört bleiben.

Das wohl erstaunlichste Beispiel für dieses genaue Verfolgen eines „angeborenen Weges" stellt zweifellos das Verhalten der Erbsenkäferlarve dar, wie es von Uexküll beschreibt. Die Larve bohrt sich in dem noch weichen Fleisch der heranreifenden Erbse einen Kanal bis an die Oberfläche. Raffinierterweise läßt sie allerdings noch eine dünne Zellschicht stehen, denn andernfalls, wenn der Gang frei nach außen mündete, müßte ja die Erbse austrocknen! Erst nach seiner Verwandlung zum fertig entwickelten Käfer benutzt das Tier dann diesen so vorsorglich angelegten Gang zum Verlassen der inzwischen steinhart gewordenen Erbse, die jetzt freilich nicht mehr zu durchnagen wäre! „Es ist ganz sicher", so schreibt von Uexküll, „daß es sich hier um eine zwar planvolle, aber vom Standpunkt der Käferlarve völlig sinnlose Betätigung handelt, denn kein Sinnenreiz des künftigen Käfers kann seine Larve erreichen. Kein Merkzeichen kündet der Larve den Weg, den sie noch niemals beschritten und den sie doch beschreiten muß, wenn sie nach ihrer Umwandlung zum Käfer nicht elend verkommen soll. Klar vorgezeichnet liegt der Weg vor ihr als eine magische Bildung. An Stelle des durch Erfahrung gewonnenen bekannten Weges tritt hier der angeborene Weg."

Die „magischen Wege" sind den Tieren sehr genau vorgezeichnet, denn sie schlagen ja ohne Ausnahme alle stets mit fehlerfreier Sicherheit genau den Weg ihrer und keiner anderen, fremden Art ein. Wie ein mikroskopisch kleiner Computer ist der winzige Nervenknoten in ihrem Kopf entsprechend programmiert. Doch darf, wer solche Vergleiche mit der modernen Technik zieht, nicht vergessen: Ein Computer ist ein von erfahrenen Fachleuten ausgeklügeltes und konstruiertes Gerät – und er kann sich nicht selbst ein „Programm" geben, sondern muß, soll er etwas Sinnvolles leisten, immer von einem hochintelligenten Menschen programmiert werden!

Links oben: Waagerechter Muttergang und davon abzweigende Larvengänge des Holzbohrerkäfers. Die Schwarzfärbung kommt von den Pilzkolonien, die das Käferweibchen für seine Larven anlegt und sorgsam pflegt.

Rechts oben: Jede Borkenkäferart hat ihr unverwechselbares Fraßbild: Gänge eines „Kupferstechers" im Holz.

Links unten: Der 3 Millimeter lange Fichtenbastkäfer neben Fraßgängen seiner Larven.

Rechts unten: Muttergang und Fraßgänge der Larven vom Obstbaumsplintkäfer. Da die Larven wachsen und dicker werden, nimmt nach außen hin auch der Durchmesser ihrer Fraßgänge zu.

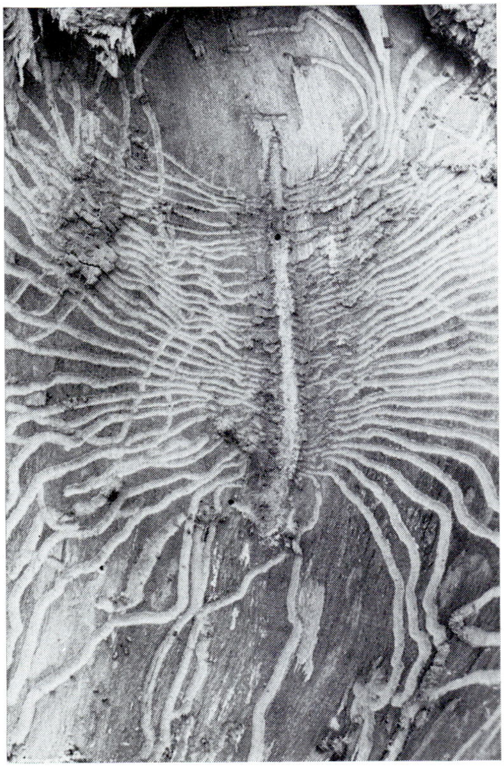

Oben: Platzminen kommen durch ein anderes Verhalten beim Fressen zustande: Die Larve bewegt sich nicht gleichförmig in einer bestimmten Richtung weiter, sondern mehr oder weniger im Kreis herum.

Die Raupe des Kleinschmettelings Tischeria verpuppt sich in ihrer Platzmine. Hier wurde sie aus ihrer Mine geholt und auf das Blatt gesetzt.

Mauerblümchen sind ja gar nicht so!

Nein, nicht von ungefähr redet alle Welt so geringschätzig über Mauerblümchen! Sehen sie nicht allesamt etwas mitleiderregend aus vor ihrem kahlen, kalten und trockenen Hintergrund?

Und doch: Wer sich hier behauptet, den sollte man nicht so vorschnell verachten. Muß er doch weit besser und vollkommener an dies karge Leben angepaßt sein, raffiniertere Tricks erfunden haben als alle Wald- oder Wiesenpflanzen, um sich hier, ausgerechnet hier, behaupten zu können. Tatsächlich entdeckt, wer die Pflanzen alter Gemäuer, Burgruinen oder Felsenhänge genauer untersucht, immer wieder aufs neue erstaunliche Einrichtungen und Fähigkeiten!

Ja, wenn das Zymbelkraut, das mit seinen langgestielten, efeuartigen Blättchen oft ganze Mauerflächen überwuchert, nicht so winzige, blau und gelb gefärbte Blütchen hätte, es nähme es an Schönheit zweifellos mit jeder kostbaren Orchidee auf! Aber darauf kommt es hier nun freilich nicht an, wenn sich die Frage aufdrängt, wie das Blümchen das denn eigentlich fertigbringt: immer noch genügend Wurzelerde tief versteckt in den Mauerritzen zu finden und sich nicht nur gerade am Leben zu erhalten, sondern auch noch üppig zu wachsen und zu gedeihen, wo unsereiner nur nackten Fels erblickt. Allein schon, daß seine Wurzeln das Licht scheuen, sich von ihm wegwenden und wie suchende, vorsichtig tastende Finger das bergende Dunkel der schmalen Mauerlücken suchen, sollte nachdenklich stimmen. Was zwingt diese Wurzeln, auf solche Weise mit buchstäblich blinder Sicherheit den einzigen, wenn auch spärlich vorhandenen Erdboden zu finden und mit zahllosen Seitenwürzelchen bis in die verborgensten Steinritzen zu durchwuchern? Ist es etwa nicht rätselhaft, daß die dünnen Sprosse des Zymbelkrautes gerade die entgegengesetzte Tendenz verraten, sich dem Lichte entgegenkrümmen, ihm Blätter und Blüten darbieten, so daß kein atmendes, assimilierendes Blatt im Dunkeln verkümmern muß, keine noch so kleine Blüte für die nektarsuchenden Insekten unauffindbar wäre? Seltsam, in der Tat, wie Teile der gleichen Pflanze, die gleichen Zellen und Gewebe so völlig anders auf das Sonnenlicht reagieren – aber stets in der einzig richtigen, „vernünftigen" Art und Weise!

Noch merkwürdiger freilich ist die totale Umkehr der Wachstumsrichtung, wenn die Zymbelkrautblüte ihre Aufgabe erst einmal erfüllt hat. Sobald sie nämlich bestäubt ist, krümmt sich ihr vorher so lichthungriger Stiel langsam von der Sonne weg und sucht, genau wie eine Wurzel, das Dunkel in den Ritzen und Spalten zwischen dem Gestein. Dort hinein dringt er vor, so daß die inzwischen herangereifte Frucht, wenn sie platzt, ihre Samen genau dort „aussät", wo sie auch keimen und Wurzel fassen können! Nur auf diesem

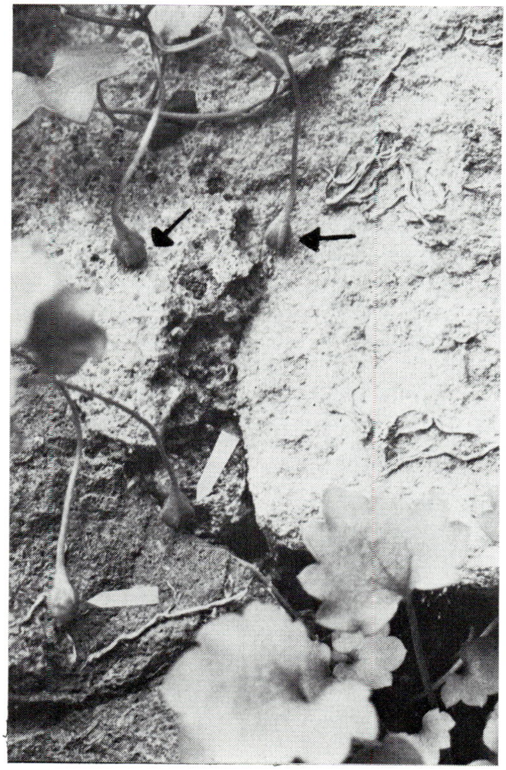

Links oben: Solange die kleine „Löwenmaulblüte" des Zymbelkrautes nicht bestäubt ist, wachsen ihr Stiel wie auch die blättertragenden Zweige dem Sonnenlicht entgegen.

Rechts oben: Wenn die zu Ranken umgebildeten Fiederblättchen der Wicke eine geeignete Unterlage – hier Draht – berühren, wachsen sie darum herum: auf ihrer Außenseite rascher als auf der Innenseite!

Links: Sobald die Früchte (Pfeile) zu reifen beginnen, krümmen sich die ehemaligen Blütenstiele vom Licht fort und schieben sie in das Dunkel zwischen Gesteinsritzen.

Wege – und auch das darf man hier ausnahmsweise wörtlich nehmen! – kann ja unser zierliches Mauerblümchen weitere Standorte erobern, denn wenn die Stiele seiner welkenden Blüte, deren Fruchtknoten zur samengefüllten Frucht heranreift, weiterhin der Sonne entgegenwüchsen, dann müßten die Samen schließlich auf den Erdboden unter der Mauer herabrieseln und würden dort, im hohen Gras und zwischen allerlei üppig wuchernden Kräutern, bald erstickt.

Fragt man sich da nicht unwillkürlich, woher die kleine Blume denn eigentlich „weiß", was in jedem Augenblick für sie das richtige ist?

Zugegeben: Das ist nicht gerade eine sehr „wissenschaftlich" klingende Frage. Verübelte man es doch seinerzeit nicht einmal zu Unrecht selbst dem Altmeister der Tierkunde, Alfred Brehm, wenn er den Tieren menschliche Empfindungen oder Eigenschaften zusprach, das Kamel dumm, gleichgültig und feige, den Fuchs hingegen listig, schlau und gewandt nannte. Jetzt aber soll gar eine Pflanze „wissen" und damit geistige Fähigkeiten beweisen, wie sie doch allein den Menschen auszeichnen gegenüber allen seinen Mitgeschöpfen.

Und doch: Diese Frage ist nicht etwa nur eine dichterische Übertreibung, keine poetische, nicht ernstgemeinte Redewendung. Es war vielmehr ein durchaus wissenschaftlich denkender und urteilender Naturforscher, der sie ganz spontan stellte. Mag sein, daß ihm in einem Augenblick des Erstaunens, des Ergriffenseins vor dem Unbegreiflichen, sein „gesunder Menschenverstand" diese Frage aufdrängte und dabei die üblichen Bedenken des „exakten" Wissenschaftlers in den Hintergrund verwies.

Zweifellos weiß der berühmte Biologe Raoul Heinrich Francé so gut wie jeder andere, daß keine Pflanze urteilen und planen kann. Aber seine Frage bringt mit geradezu entwaffnender Offenheit zum Ausdruck, was sich nun einmal nicht leugnen läßt: Nicht etwa nur unser Zymbelkraut, zum Beispiel auch das „Tränende Herz", jene unscheinbare Blume, die in kaum einem Garten fehlt und doch erst im Jahre 1842 aus Japan nach Europa gebracht wurde, verhält sich so sinnvoll und „richtig", daß jeder Unvoreingenommene zwangsläufig folgert, da müsse denn doch Vernunft dahinterstecken. Nur – wenn die Pflanze selbst ohne den geringsten Zweifel ein noch unvernünftigeres Geschöpf ist als das Tier, wessen Vernunft steckt dann hinter ihren so erstaunlichen Leistungen?

Bereits der seltsame Blütenbau gibt uns kein geringes Rätsel auf. Die wie von einem Goldschmied kunstvoll geformten purpurnen Herzen mit ihrem weißen Anhängsel, in dem Dichter eher das Symbol eines Liebesbriefchens denn eine Träne erblicken, gehören zu jenen seltenen Blüten, die sich durch zwei Schnitte in je zwei spiegelbildliche Hälften trennen lassen. Niemand vermag zu erklären, wie ein derartiges Übermaß an streng geordneter Symmetrie zustande kommt und vererbt wird, von Generation zu Generation in stets gleichbleibender Vollkommenheit.

Was Francé zu seiner Frage veranlaßte, war jedoch eine Leistung des ,,Tränenden Herzens", die wir allenfalls von einem ,,intelligenten" Tier erwarten würden, das es versteht, sich plötzlich veränderten Umweltverhältnissen und neuen Aufgaben entsprechend anzupassen. Sobald sich die länger und länger werdenden dünnen Blütenzweige unter der Last ihrer ,,Herzen" nach unten biegen, müßte sich eigentlich der Abstand zwischen den frei pendelnden Blüten immer mehr verringern, bis sie schließlich so dicht neben- und übereinander hingen, daß keine einzige mehr von nektar-durstigen Hummeln besucht und bestäubt werden könnte. Doch just in dieser ,,Gefahrensituation" geschieht das Erstaunliche. In regelmäßigen Abständen, gerade rechtzeitig, um das Zusammenrutschen der Herzen zu verhindern, richten sich die Blütenzweige auf, ändern ihre Wuchsrichtung nach oben – so exakt bemessen, daß nun alle Blüten wieder frei und den Hummeln leicht zugänglich herabhängen.

Ja, ein findiger Botaniker wollte es der Pflanze extra schwer machen und ihre Anpassungsfähigkeit gleich einer doppelten Probe unterziehen. Er band einen Blütenzweig senkrecht nach oben, einen zweiten senkrecht in entgegengesetzter Richtung nach unten. Was geschah? Der obere Zweig änderte sofort seine Wuchsrichtung ,,richtig", also nach unten, so daß seine Herzen wiederum frei herabpendeln konnten. Müßig, zu betonen, daß es der untere Zweig der gleichen Pflanze gerade umgekehrt machte, seine weiterwachsende Spitze nach oben richtete und dadurch genau das gleiche Ziel erreichte! Bedenkt man, daß selbst ein ,,kluger" Hund in der Regel versagt, wenn man ihm zur gleichen Zeit zwei verschiedene Aufgaben stellt, so ist diese gekonnte ,,Problemlösung" einer Pflanze um so erstaunlicher. Übrigens: Uns selbst geht es nicht anders als dem Hund! Leicht läßt sich die Probe aufs Exempel machen; man braucht nur zu versuchen, die eine Hand über dem Kopf kreisförmig zu bewegen, während die andere auf und ab über den Leib streicht.

Natürlich gab es für die veränderte Wuchsrichtung der Blütensprosse eine ganz simple Patenterklärung. Wo würde auch in der Biologie nicht der Versuch unternommen, alles Rätselhafte ,,ganz einfach" auf bekannte Ursachen zurückzuführen? ,,Wachstumshormone" heißt das wohlklingende Zauberwort, das scheinbar alle Fragen beantworten kann. Dort, wo der Stengel sich umbiegt, finden sich diese Wuchsstoffe eben in besonders hoher Konzentration. Was Wunder also, daß er genau von da an aufwärts wächst, denn auf seiner Unterseite, wo sich diese Stoffe sammeln, teilen sich die Zellen besonders schnell. Doch diese Scheinlösung unseres Problems ist allzu vorder-

Oben: Kaum ist die Blüte des Zymbelkrauts durch Insekten bestäubt, sucht sich ihr Stiel eine dunkle Mauerritze, in die er hineinwächst.

Unten: Wenn die Last der vielen freipendelnden Blüten des ,,Tränenden Herzens" den Zweig nach unten zu ziehen droht, richtet sich sein Vorderende auf. Es hebt seine Herzen höher (auf unserem Foto gleich an zwei Stellen!) und verhindert dadurch, daß sie ungeordnet übereinanderhängen statt nebeneinander. Nur so sind sie den Insekten bequem zugänglich!

gründig. Nötigt sie uns doch die nächste Frage geradezu auf: Wer verteilt die zweifellos vorhandenen, das Wachstum anregenden Stoffe denn ausgerechnet so, daß sie gerade an den richtigen Stellen in der genau entsprechenden Konzentration vorhanden sind, und zwar erst in dem Augenblick, wo sie auch wirklich gebraucht werden? Und wie in aller Welt bringt es der gleiche Wuchsstoff fertig, einmal seinen Zweig nach unten, zum anderen aber nach oben wachsen zu lassen – wie es gerade sinnvoll und der Situation gemäß ist? Wieso verliert er genau im rechten Augenblick seine Wirksamkeit, dann nämlich, wenn die Blüten bestäubt sind und jetzt ruhig übereinanderpurzeln dürfen? Hormone, also auch Wuchsstoffe, so sagte einmal der große Katalyseforscher Mittasch, dienen und führen Aufträge aus, aber sie herrschen nicht. Wem allerdings sie dienen, wessen Aufträge sie ausführen, am rechten Ort, zur rechten Zeit, für die richtige Dauer – konnte auch er nicht sagen.

Im Grunde genommen stellt uns jede Pflanze, nur mehr oder weniger auffallend, das gleiche Rätsel. Wenn die jungen Blätter des Wurmfarns den schattigen Waldboden durchbrechen, sind sie wie Bischofsstäbe nach innen eingerollt. Während sie heranwachsen und länger werden, rollen sie sich allmählich auf, da die Innenseite der starken Mittelrippe rascher wächst als ihre Außenseite. Auch hier wirken Wuchsstoffe mit, doch wieso sie ihre Wirkung genau an den ,,richtigen" Stellen entfalten und ihr Einfluß exakt dann erlischt, wenn das Blatt aufgerollt und ausgewachsen ist, das weiß kein Mensch. Bei Ranken gar, die sich um einen Halt herumwickeln, wechselt die ,,Wachstumszone" fortwährend von einer Seite auf die andere, denn sie drehen sich ja unentwegt um sich selbst. Wie von geheimnisvoller, unsichtbarer Hand scheint hier der Wuchsstoff immer wieder weiterbefördert und für die rechte Dauer an der richtigen Stelle aufgehalten, so daß er seine Wirkung entfalten kann.

Vielleicht sollte man dieses Geschehen ganz so auf sich wirken lassen, wie es Francé tat, als er seine ,,unwissenschaftliche" Frage stellte! Die Antwort ist freilich eine harte, eine sehr, sehr harte Nuß für jemanden, der glaubt, ,,der reine Zufall, nichts als der Zufall, die absolute blinde Freiheit" (Jacques Monod) sei alleinige Ursache ,,des wunderbaren Gebäudes der Evolution".

Links oben: Langsam rollt sich das anfangs wie ein Bischofsstab gekrümmte Wurmfarnblatt auf. Es wächst dabei auf seiner Oberseite rascher als auf der Unterseite.

Rechts oben: Auch Sprosse können zu haltenden Ranken umgebildet werden. Hier, bei der Zaunrübe, bilden sie lebendige Spiralfedern, die allen Schwankungen nachgeben und sogar bei Sturm nicht von ihrer Unterlage abreißen.

Unten: Wie bei langen, schraubig gewundenen Elektrokabeln befindet sich auch hin und wieder in der Ranke einer Zaunrübe ein ,,Umkehrpunkt" (Pfeil). Hier wechselt die Drehrichtung der ,,Schraube", und sie wird sich infolgedessen weniger leicht ,,aufwickeln"!

Das Geheimnis des Aronstabes

Als Moses und sein redegewandter Bruder Aaron, beide schon über 80 Jahre alt, am prunkvollen Hof des Pharao darum baten, ihr Volk nach langer Knechtschaft aus Ägypten endlich in das Gelobte Land ziehen zu lassen, da forderte der Herrscher des Nilreiches ein untrügliches Zeichen ihres Gottes. Aaron schleuderte daraufhin seinen Stab vor die Stufen des Königsthrones, und im gleichen Augenblick verwandelte er sich vor den entsetzten Augen der zurückweichenden Diener in eine züngelnde Schlange. Als dann aber Aaron, wie ihm aufgetragen war, die „Natter" unerschrocken an ihrem Schwanz packte und aufhob, da war sie ebenso plötzlich wieder ein Wanderstab.

Dieser Bericht aus dem Buch Exodus, die geheimnisvolle Verwandlungskraft von Aarons Stab, muß wohl jenen mittelalterlichen Botaniker, der einer nicht minder geheimnisvollen Waldblume den Namen Aronstab gab, ganz besonders beeindruckt haben. Und doch: Das eigentliche Geheimnis der giftigen Waldpflanze war ihm mit Sicherheit noch völlig unbekannt! Allerdings war er auch wiederum keineswegs der erste, der das seltsame Gewächs mit dem Bruder Moses' in Verbindung brachte. Schon dem berühmten, im Jahre 200 nach Christus verstorbenen griechischen Arzt Galenos war es nämlich unter dem Namen „Aron" bekannt, und seine Blätter wie Knollen wurden damals bereits, wie heute noch in der homöopathischen Medizin, als Heilmittel gegen Katarrhe der oberen Luftwege verwendet. Später, noch im 17. Jahrhundert, schrieb man dem „Teutschen Ingber" gar die Macht zu, Pest und Schwarze Blattern, die Pocken also, kurieren zu können. „Die Wurtzel von Aron zeucht viel boeser Feuchtigkeiten auss und macht den Menschen mager in der Speiss genossen", heißt es in einem „Kreuterbuch" aus dieser Zeit. Auch gegen das lästige Übergewicht soll also der Aronstab geholfen haben – ein „Leiden", das demnach gar nicht so modern ist, wie immer wieder behauptet wird! Von einer Abmagerungskur mit Hilfe des Aronstabes ist jedoch dringend abzuraten, denn die Pflanze ist in allen ihren Teilen höchst giftig, so sehr, daß nicht allein schwere Vergiftungen, sondern sogar Todesfälle verbürgt sind!

Bereits die Herkunft des Aronstabes, der heute mit Vorliebe an feuchten, schattigen Stellen unserer Laubwälder gedeiht, gibt uns Rätsel auf, denn er besitzt nur einen einzigen Verwandten in unseren Breiten, den an Flußufern wachsenden Kalmus. Alle anderen Arten dieser Familie, zu der auch der Philodendron gehört, leben in den Tropen.

Tatsächlich scheint sich unser Aronstab etwas wenigstens von der feuchten Wärme seiner Tropenheimat erhalten zu haben. Steckt man nämlich ein Thermometer in den unteren, zu einem Kessel erweiterten und geschlossenen Teil des seltsamen Hochblatts, das unser altes Kräuterbuch treffend mit einem Hasenohr vergleicht, und aus dessen Mitte der violette Stab des Aron

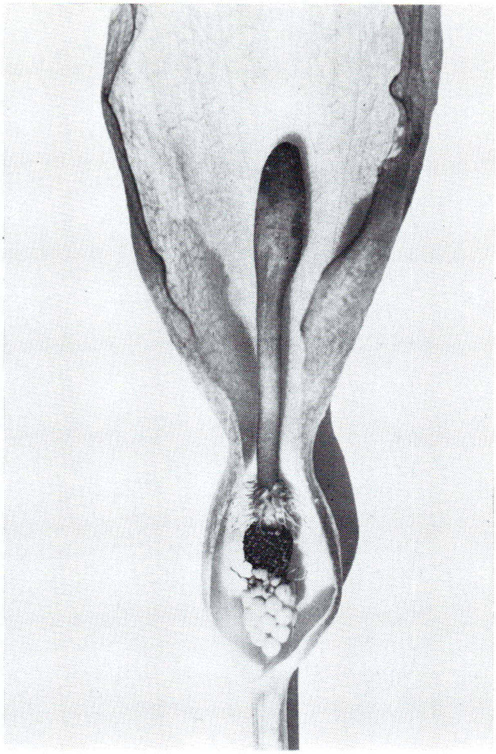

Oben: Aus dem Kessel des tütenartigen Hochblattes ragt der Stab des Aaron – die rentabelste „Zentralheizung" der Welt!

Rechts oben: Wo sich das Hochblatt zum Kessel verengt, sitzt eine sperrende Haarreuse. Der geöffnete Kessel zeigt, daß alle Blütenorgane um den als „Zentralheizung" wirksamen „Stab des Aaron" angeordnet sind.

Rechts: Blüte der Osterluzei von vorn.

ragt, so mißt man Temperaturen, die um viele Grade höher liegen als die der Außenluft. Die „Heizung" dieses Blattkessels ist die mit Abstand rentabelste der Welt. Der Stab ist nämlich vollgepfropft mit Zucker, bei dessen beschleunigter Veratmung seine gesamte Energie ohne den geringsten Verlust oder gar anfallende Schlackenstoffe in Wärme verwandelt wird.

Was sie bezweckt? – Nun, in kühlen Frühlingsnächten suchen manche Insekten, wie die kleinen Schmetterlingsmücken, gern einen warmen Unterschlupf auf, zumal sie der durchdringende Aasgeruch, der dem Kessel nachts entströmt, verführerisch anlockt. Die das Mond- und Sternenlicht wiederspiegelnde, hellschimmernde Innenfläche des Hochblatts weist ihnen zusätzlich den Weg. Doch sobald sie sich darauf niederlassen, erleben sie eine unliebsame Überraschung. Ihre Füße finden keinen Halt auf der wachsabsondernden, spiegelglatten Blattoberfläche. Hilflos zappelnd gleiten sie hinab, rutschen durch die enge Öffnung des Kesseleingangs vorbei an einer dichten Borstenreuse, deren nach unten gebogene Spitzen jeden Rückweg versperren. In der dunklen, warmen Geborgenheit des Blattkessels erwartet sie jedoch keineswegs etwa der Tod. Der Aronstab ist zwar ein perfekter Fliegenfänger, aber mitnichten eine fleischfressende Pflanze. Im Gegenteil: er bietet seinen „Gästen" sogar Belohnung und Nahrung in Form von süßem Nektar, den die zahlreichen Fruchtknoten tief unten im Kessel abscheiden.

Belohnung? In der Tat: Die Schmetterlingsmücken leisten ihm einen wichtigen Dienst als „Gefangene auf Zeit", weil sie nämlich Blütenstaub von einem früher besuchten Aronstab an ihrem Körper haftend mitbringen und beim auswegsuchenden Hin- und Herlaufen an den Narben abstreifen. Auf diese „Fremdbestäubung" ist ja die Aronstabblüte angewiesen, wenn ihre jetzt noch grünen Fruchtknoten im Sommer zu korallenroten Beeren heranreifen sollen.

Alles andere vollzieht sich nun nach einem peinlich genauen Zeitplan. Sind die Narben mit dem fremden Pollen bestäubt, platzen die eigenen violetten Staubbeutel, die über den Fruchtknoten am keulenförmigen Stab sitzen, und bepudern die Schmetterlingsmücken mit ihrem Inhalt. Jetzt erst – keine Minute zu früh – welken auch die sparrigen Reusenborsten und geben den Ausgang frei. Da die kleinen Insekten nichts dazulernen, fliegen sie sogleich den nächsten Aronstab an und laden ihre Pollenfracht auf seinen Narben ab. Erstaunlich ist nicht allein die Tatsache, daß in dieser raffiniert ausgeklügelten Kesselfalle alles am rechten Platz steht: die Reuse oben an der engsten Stelle des Eingangs, die Fruchtknoten ganz unten und der Ring der Staubbeutel darüber, sondern daß auch der einzig sinnvolle „Zeitplan" in der Aufeinanderfolge der Reifungsvorgänge eingehalten wird!

Geöffneter Kessel des Aronstabs. Von oben nach unten in der „richtigen" Reihenfolge: die Reuse, die den Ausweg versperrt, die noch unreifen, dunklen Staubbeutel, ganz unten die an eine Traube erinnernden Fruchtknoten.

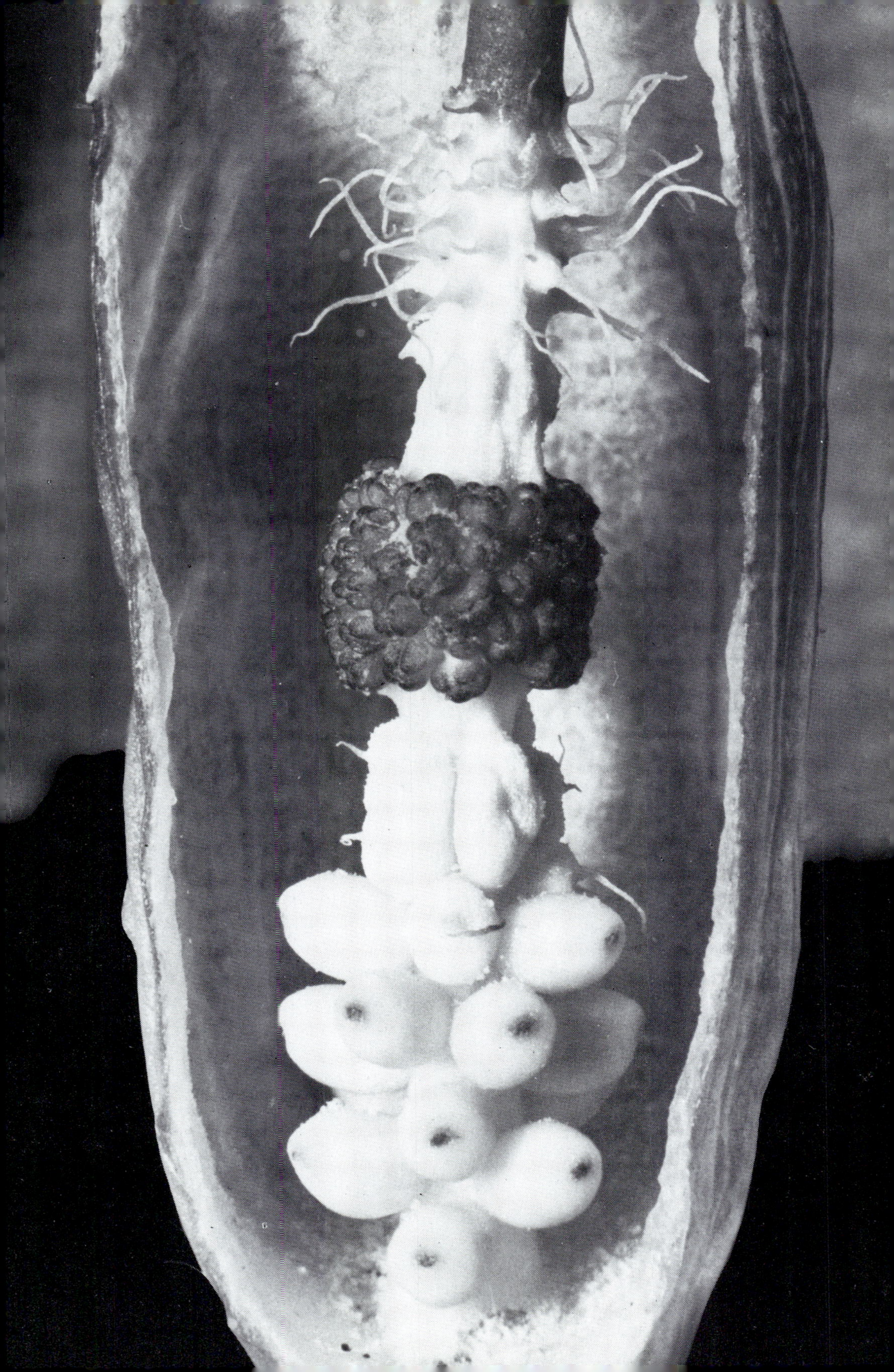

Die seltene Osterluzei bedient sich eines ganz ähnlichen Tricks wie der Aronstab, obwohl die beiden Pflanzen durchaus nicht miteinander verwandt sind. Ihre elfenbeinfarbene Blüte bildet eine oben zungenartig verlängerte Röhre, die innen dicht mit abwärts gerichteten Borsten bedeckt ist und ebenfalls in einem erweiterten Kessel mit Fruchtknoten und Staubbeuteln endet. Fliegen, die in diese Röhre hineinkriechen, können gegen die Borstenrichtung nicht mehr zum Eingang zurück, und diese Borsten welken ebenfalls erst dann, wenn die Bestäubung erfolgt ist.

Wie bei allen vergleichbar komplizierten „Apparaturen", die Blütenpflanzen im Dienste der Fortpflanzung, Erhaltung und Verbreitung ihrer Art hervorgebracht haben, fällt es auch hier schwer, an eine allmähliche Entwicklung durch sinnlos-zufällige Erbänderungen oder Mutationen im Verlaufe schier endlos anmutender, unvorstellbar langer Zeiträume zu glauben. Aus welchen Gründen denn sollten einfachere, noch unvollkommene, mithin also erst halbfertige Zwischenstufen in einer solchen Höherentwicklung nicht der natürlichen Auslese zum Opfer gefallen sein? Schließlich läßt sie doch nur überleben, was schon schlechthin vollkommen ist! Die „Kesselfalle" des Aronstabes aber wird ja erst funktionsfähig, wenn sie in allen ihren Teilen wie in ihrem Zeitplan völlig fertig entwickelt ist!

Und noch ein Weiteres wäre zu bedenken: Tausende von Pflanzenarten vermehren und erhalten sich seit Jahrmillionen ohne solch umständliche Kesselfallenmechanismen. Man braucht doch nur eine Rose zu betrachten, einen blühenden Kirschbaum oder auch lediglich einen ganz gewöhnlichen Wiesenhahnenfuß! Wozu also der ganze Aufwand, vom Lockduft über die „Zentralheizung" und den schlüpfrigen Wachsüberzug bis zu den Reusen und Nektardrüsen, wenn es genauso erfolgreich auch ohne dies alles geht? Lehrt denn nicht der Augenschein milliardenfach, daß derartige Einrichtungen höchst überflüssig und gerade deshalb auch keinesfalls durch irgendeinen „Selektionsdruck" zu erklären sind?

Nein, gar so einfach war das alles ganz gewiß nicht. Vielleicht sollte, wer hier vorschnell allzu vordergründige „Erklärungen" sucht, dem Rat Goethes folgen, der ja nicht nur Dichter, sondern auch ein bedeutender Botaniker war. Manchen Dingen in der Natur, so meinte er im Jahre 1827 zu Eckermann, sei eben nur bis zu einem gewissen Grad beizukommen. Stets behielte die Natur etwas Problematisches hinter sich, „welches zu ergründen die menschlichen Fähigkeiten nicht hinreichen".

Kesselfallenblüte der Osterluzei von der Seite. Der weit geöffnete Schlund verlockt Insekten zum Hineinkriechen in die Blütenröhre, die sich unten zum Kessel erweitert.

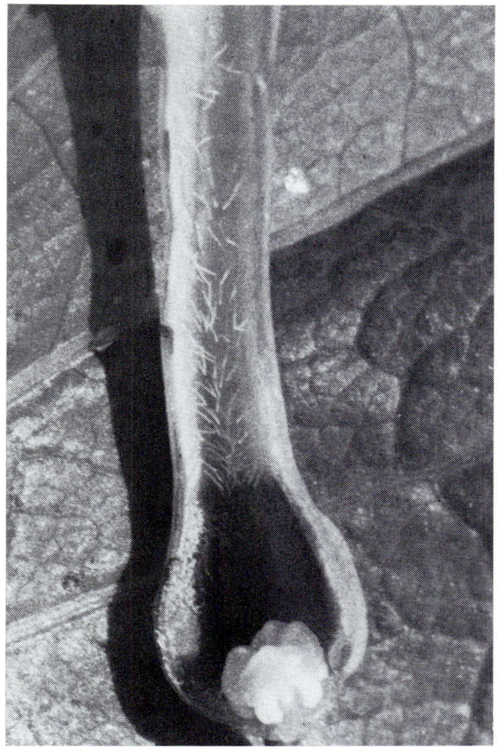

Die längs geöffnete Blütenröhre der Osterluzei läßt die nach abwärts gerichteten Härchen erkennen, die ein Hinaufklettern unmöglich machen.

Der stumme Kuckuck

Der Kuckuck ist einer der ganz wenigen „höflichen“ Vögel, die sich sozusagen immer namentlich vorstellen! Deshalb auch glaubt ja ein jeder ihn zu kennen. Aber wer hat denn nun wirklich schon einmal einen dieser scheuen Vögel zu Gesicht bekommen? Für gewöhnlich gibt man sich, einem uralten Aberglauben frönend, damit zufrieden, den Geldbeutel kräftig zu schütteln, wenn seine unüberhörbare Stimme zum erstenmal im Frühjahr aus der Ferne ertönt. Das ganze Jahr über, so sagt man, wird der Geldbeutel dann niemals leer sein!

Kein Zweifel: Des Kuckucks weithin schallender Ruf verkündet den Frühling und verlockt, dem unsichtbaren Spötter immer tiefer in den Wald hinein zu folgen. Doch der listige „Gauch“ weiß sich stets im dichten Gezweig zu verbergen. So ist sein „kuck-kuck“ gar zum Neckruf geworden, wenn Kinder einander beim Versteckspiel mit spöttischem „guck-guck“ zum eifrigeren Suchen anfeuern. Seltsam: Es ist die gleiche Tonfolge, die Kuckucksterz, mit der wir uns „hallo“ oder „heda“ zurufen, wenn wir die anderen beim Wandern im Wald aus den Augen verloren haben. Ist es ein Ur-Instinkt, der da so spät noch zum Durchbruch kommt? Haben vielleicht schon die Jäger der Urzeit diese Terz gerufen, weil sie so besonders auffällig ist, unverwechselbar alarmierend unter all den zahllosen Naturgeräuschen und Vogelstimmen? Tiefenpsychologen jedenfalls mutmaßen, daß die Möglichkeit, sie just in dieser Tonfolge zu rufen, bei der frühesten Namengebung unserer Ahnen in grauer Vorzeit eine entscheidende Rolle spielte – von Adam bis Esau oder Jakob!

Dafür, daß er seine Eier in fremde Nester legt, ist der Kuckuck bekannt, ja sprichwörtlich geworden. Doch wenn schon diese seltsam berechnend und geradezu verschlagen anmutende Fertigkeit erstaunlich und als Ergebnis einer sinn- wie ziellosen Zufallsentwicklung schwer zu deuten ist, um wieviel unverständlicher muß da die Entdeckung klingen, daß die Kuckucke sogar ihre Eier genau wie die ihrer jeweils erwählten „Adoptiveltern“ färben – seien es nun Rotkehlchen oder Drosselrohrsänger! Ein Kuckucksweibchen, das

Links oben: Diesen Eingang zur Brutkammer findet keine beutelüsterne Ameise! Er befindet sich am Ende des Röhrchens, das die Wespe aus angefeuchteten Lehmklümpchen vor ihren Höhlengang gemauert hat.

Rechts oben: Eine Grabwespe verläßt ihre Höhle, deren Ende in der Erde sich erweitert und als Brutkammer neben dem Ei als Nahrung für die Larve gelähmte Fliegen enthält.

Links unten: „Gesicht“ einer Wespe. Unter den kräftigen Kiefern mit ihren dunkler gefärbten „Zähnen“ ist die herzförmige Zunge zu erkennen.

Rechts unten: Die beiden Stechborsten eines Bienenstachels. Durch die deutlich erkennbaren Kanäle fließt das Gift in die Wunde. Widerhaken verhindern das Herausrutschen des Stachels.

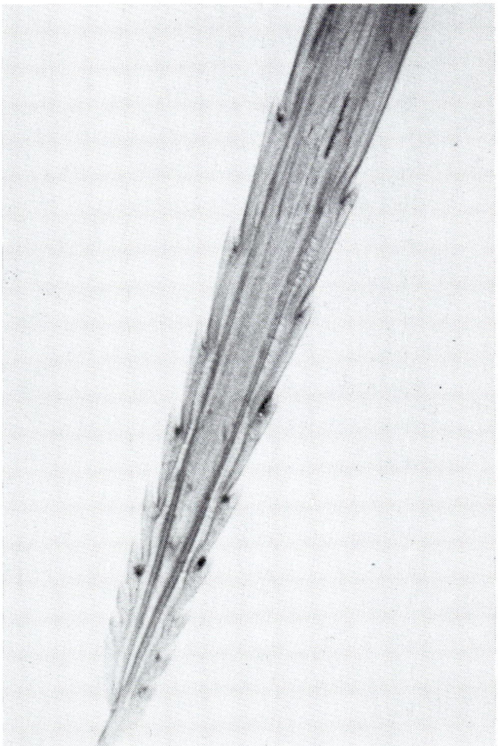

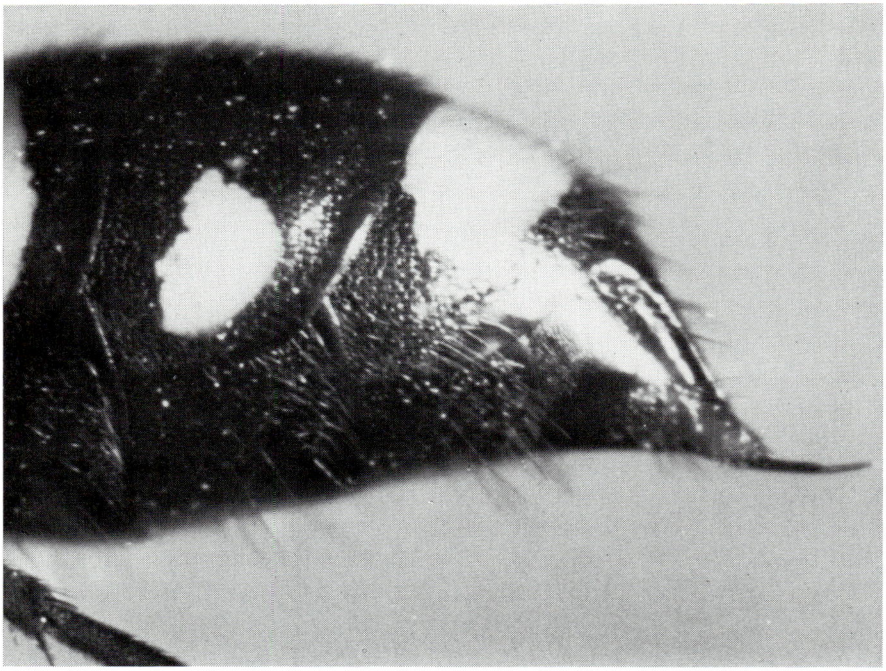

Mit ihrem spitzen Giftstachel betäubt die Grabwespe ihre Opfer – in diesem Fall Fliegen, die sie dann in ihre unterirdische Brutkammer einträgt.

sich auf Zaunkönige spezialisiert hat, muß zudem noch besonders erfinderisch bei seinem heimlichen Werk vorgehen. Hat doch das Zaunkönignest ein richtiges Dach und nur eine winzige seitliche Öffnung, durch die sich kein Kukkuck hindurchzwängen könnte. Da bleibt nur eines zu tun: das Ei auf den blanken Boden legen, mit dem Schnabel sachte packen und mit weit vorgestrecktem Kopf zwischen die „rechtmäßigen" Eier zu schmuggeln! Fragt man sich nicht unwillkürlich, ob er wohl doch etwas überlegen und planen kann oder wirklich so ganz ohne jede Einsicht handelt, der unter allen Singvögeln mit Recht so gefürchtete „Gauch"? Aber selbst das Färben seiner Eier nach dem Vorbild der Gelege, denen er sie möglichst unauffällig unterschieben will, kann nichts mit „Planung" zu tun haben, mag es uns auch noch so raffiniert erscheinen. Vollzieht sich doch dieser erstaunliche Vorgang im Körper des Tieres, und es ist daran ebensowenig mit Wissen und Willen beteiligt, wie wir an den doch nicht minder erstaunlich geordneten, sinnvollen Vorgängen des Wachstums unseres Körpers.

Es gibt allerdings noch überzeugendere Beweise dafür, daß Tiere „klug" handeln – ohne auch nur die geringste Spur von eigener Vernunft oder Einsicht. Mitunter kann man an den steilen Wänden von Lehmgruben kaum bleistiftdicke, nur wenige Zentimeter lange, wie Miniaturwasserhähne nach unten gekrümmte Gebilde entdecken. Es bedarf keineswegs einer Lupe, um herauszufinden, daß sie aus zahllosen winzigen Lehmklümpchen regelrecht gemauert wurden – wie ein Kamin aus vielen einzelnen Steinen. Wer ein wenig Geduld aufbringt, kann sogar den Baumeister bei seiner Arbeit beobachten; eine kleine Wespe, gelbschwarz gefärbt wie andere auch, aber nicht mit ihren Artgenossen in einem wohlgeordneten ,,Staat", sondern einzeln lebend. Behend kratzt und bohrt sie sich immer tiefer mit ihren scharfen Kiefern in die Lehmwand hinein, wodurch ein kurzer, kaum mehr als einen halben Zentimeter breiter Gang entsteht. Den feinkrümeligen ,,Abraum", den sie dabei von seinen Wänden schabt, beseitigt die Wespe auf eine besonders originelle Weise. Sie würgt eigens zu diesem Zweck mitgebrachtes Wasser darüber aus und formt unter flinken Kieferbewegungen aus dem feuchten Lehmbrei kleine Kügelchen. Die schleppt sie, mühsam rückwärts kriechend, bis zum Eingang ihrer Höhle und klebt sie rund darum fest an die Lehmwand. Auf den ersten so entstandenen Ring aus unverrückbar haftenden Lehmklümpchen setzt sie dann einen zweiten und mit fortschreitender Arbeit immer neue. Auf diese Weise entsteht der von seiner Mitte an abwärts gebogene Eingangstunnel. Wozu er eigentlich dient, ist bis heute nicht ganz geklärt. Vermag er wirklich zu verhindern, daß Feinde unserer Baukünstlerin den Eingang zu ihrem Brutnest entdecken? Denn ein Brutnest ist es in der Tat, was sie da gebaut hat. Ganz tief innen, am äußersten Ende des Ganges, legt sie ein Ei ab. Doch bevor der Eingang des ,,Wasserhähnchens" ebenfalls mit feuchten Lehmklümpchen sorgsam verschlossen wird, trägt die fürsorgliche Wespenmutter noch so viel originell ,,konservierte" Nahrung ein, wie die bald schlüpfende Larve für ihre Entwicklung zur fertigen Lehmwespe benötigt – nicht mehr, aber auch nicht ein halbes Gramm zu wenig! Es sind, nach einem wohlgezielten Stich in ihr Nervensystem, durch das Stachelgift der Wespe gelähmte Raupen, vornehmlich aber Larven schädlicher Rüsselkäfer. Sie können nun nicht mehr davonkriechen, aber auch nicht faulen und verwesen, denn sie leben ja und werden sozusagen unter Narkose schmerzlos verzehrt! Immerhin: eine Methode, Nahrungsmittel völlig frisch haltbar zu machen, die uns trotz all unserer überlegenen Vernunft noch nicht nachzuahmen möglich ist!

Die Sache mit der ,,Dauerwurst" wäre ideal, gewissermaßen das Ei des Kolumbus, wenn – ja, wenn es nicht auch unter den Insekten Schmarotzer gäbe, die all das Phantastische, was andere zuwege bringen, stören und wieder zunichte machen. Tatsächlich haben auch die Wespen ihre ,,Kuckucke", stumme freilich, die klammheimlich ans Werk gehen – hier gar an ein Werk der Vernichtung! Auch sie warten, oft mit bewundernswerter Geduld, auf eine günstige Gelegenheit, ihre Eier in fremde, wohlversorgte Kinderstuben einzuschmuggeln. Es ist die metallisch kupferrot bis goldglänzende Goldwespe, die es sich auf solche Weise erspart, selbst in harter Arbeit einen Gang graben und mit Proviant füllen zu müssen. Geduldig lauert sie, bis die Lehmwespe zum letztenmal ihren Bau verläßt, um für das endgültige Zumauern angefeuchteten Lehm herbeizuholen. In dieser kurzen Zeitspanne legt sie flugs ihr eigenes Ei zu dem der rechtmäßigen Kinderstubeninhaberin. Die ahnungslose Lehmwespe aber merkt von alledem nichts und überläßt ihre nun fest verschlossene Brutkammer sich selbst.

Wird der freche Eindringling allerdings von der zu früh heimkehrenden Wespenmutter bei seinem frevlerischen Tun überrascht, dann rettet ihn nur eines vor dem tödlichen Stich. Er rollt sich zusammen wie eine Assel und erschwert es dadurch der Lehmwespe, eine günstige Stelle an seinem Körper zu finden, an der sie ihren spitzen Giftstachel ansetzen könnte. So muß sie sich nun damit zufriedengeben, den ungebetenen Gast mit ihren Kieferzangen zu packen und buchstäblich – denn der Neströhreneingang liegt ja in der Regel hoch oben an einer Lehmwand – aus dem ,,Haus" zu werfen. Doch selbst dann mag es schon zu spät sein, weil das Kuckucksei bereits gelegt ist. Nach einigen Beobachtern soll die Goldwespenlarve früher aus dem Ei schlüpfen als die der Lehmwespe und dann, genauso wie es auch die Ölkäferlarve in der Brutzelle einer Mörtelbiene macht, zuerst die ,,Konkurrenz" beseitigen, also das Lehmwespenei verzehren, um sich danach ganz ungestört an den unverderblichen Vorräten gütlich zu tun. In anderen Fällen jedoch wartet die Schmarotzerlarve scheinbar geduldig ab, bis die Larve der rechtmäßigen Besitzerin der Brutkammer voll ausgewachsen ist und fällt dann erst wie ein Raubtier über sie her. Schließlich bleibt ihr ja in der Brutzelle einer Einsiedlerbiene als Fleischfresser, dem weder mit dem hier vorgefundenen Blütenstaub noch mit dem Honig gedient ist, auch gar nichts anderes übrig!

Jedenfalls: Wer später neugierig an der Lehmwand eines der auffallenden ,,Wasserkränchen" abbricht und den Inhalt der Brutröhre untersucht, entdeckt zu seiner Verwunderung nicht, wie erwartet, eine Lehmwespe, sondern das goldglänzende Kind des ,,Insektenkuckucks"!

Schier unbegreiflich, was alles hier in sinnvoller Zuordnung zusammenwirkt. Kein Fehler unterläuft, alles geschieht am richtigen Ort zur rechten Zeit und in der einzig ,,vernünftigen" Reihenfolge. Und dennoch: Auch hier kann von einer Vernunft der Tiere selbst keine Rede sein. Besitzt doch ihr ganzes Gehirn kaum die Größe eines Stecknadelkopfes!

Radschlagender Pfau

Die strenge Ordnung, die uns das „Bild" dieses farbenprächtigen Federhohlspiegels zeigt, läßt sich nicht allein durch Auslese und Zufall erklären. Darwin selbst gab das zu, als er schrieb, schon der Anblick einer Pfauenfeder mache ihn „ganz krank". Begegnen wir doch auch hier einer echten Komposition, einer fehlerfreien Zu-Ordnung von Pigmentfarben und Strukturfarben. Jede einzelne Feder wächst genauso lange, bis sie sich richtig in das Gesamtbild eingeordnet hat.

Eine Pfauenfeder macht Darwin krank!

Der Dichter Rainer Maria Rilke klagte einmal, die meisten Menschen wüßten gar nicht, wie schön die Welt ist und wieviel Pracht sich selbst in den kleinsten Dingen offenbart, in irgendeiner Blume, einem Stück Baumrinde oder auch nur in einem einzigen Birkenblatt. Vielleicht erinnerte er sich dabei eines anderen, älteren Wortes: daß nämlich selbst die Herrlichkeit des unermeßlich reichen und weisen Königs Salomo verblaßt neben der schlichten Schönheit einer Lilie des Feldes! Und doch hält nicht einmal die schönste Lilie einem Vergleich mit dem buntschillernden Farben- und Formenreichtum einer Pfauenfeder stand!

Wer einmal die Gelegenheit hatte, Zuschauer bei der Balz eines Pfauenhahns zu sein, wird dieses erregende Schauspiel einer Brautwerbung so schnell nicht wieder vergessen. Ja, es ist wirklich ein Schauspiel, das dabei aufgeführt wird, und zwar wie wir heute wissen, von zwei Partnern, denn die schmucklose Henne läßt sich keineswegs etwa nur umwerben und schaut gleichgültig zu, wie sich da einer abmüht um ihre Gunst. Sie spielt vielmehr auf ihre Weise mit in diesem ererbten Ritual von beispielloser Präzision. Das gesamte komplizierte Zeremoniell dient nämlich einer höchst bedeutsamen biologischen Aufgabe. Es bindet die beiden Partner immer enger und ausschließlicher aneinander – eine unerläßliche Vorausetzung der späteren, ungestörten Brutpflege! Das merkwürdige Futterpicken der Pfauenhenne, das vor dem unermüdlich sich spreizenden, balzenden Hahn so ganz und gar fehl am Platze erscheint, ist in der Tat gerade das Gegenteil einer zur Schau getragenen Gleichgültigkeit. Sie tut ja nur so, denn wo sie so eifrig mit dem Schnabel zustößt, liegt ja nicht ein einziges Körnchen! Aber dieses nur vermeintlich sinnlose ,,Scheinpicken" steigert ganz unverkennbar wiederum die Erregung des Hahnes, und so kommt es, durch ein wechselseitiges Anregen, schließlich zur völligen ,,Synchronisation" des Verhaltens.

Aber der Hahn beginnt damit, wenn er, der Erwählten ansichtig, seine schillernde Schleppe langer Schwanzdeckfedern zum prunkvollen Rad entfaltet und sie dabei raschelnd so weit aufrichtet, bis sie sich zitternd vornüber neigen und einen smaragdenen Hohlspiegel formen. Die kurzen, gedrungenen Federn in der Mitte dieses Hohlspiegels glänzen golden, so daß sich der metallblaue Hals des Vogels in herrlichem Kontrast vor ihnen abzeichnet.

Diese so besonders wirksame, attraktive Anordnung der verschiedenen Farben ist geradezu raffiniert. Ein optischer Trick läßt den balzenden Pfauenhahn sozusagen Schauspieler und Bühnenbild zugleich werden. Kein Bühnenbildner, der durch geschickte Auswahl verschiedenfarbiger Kulissen einen tiefen, weiten Raum vortäuscht, wo doch in Wirklichkeit Wände stehen, hätte mit mehr Geschick zu Werke gehen können. Alles Blaue wirkt – wir brauchen dabei nur etwa an ferne Berge zu denken – weit vom Betrachter weggerückt, während das Gelbe gerade umgekehrt sich nach vorn, auf ihn zuzudrängen scheint und ihm deshalb näher vorkommt. Da aber nun unser Pfau gerade das scheinbar rückwärts fliehende Blau seines Halses am weitesten vorn, das vorwärtsdrängende Goldgelb hingegen dahinter präsentiert, entsteht eine ganz eigenartige Wirkung: Der Vordergrund tritt für unser betrachtendes Auge zurück, der Hintergrund drängt sich vor! Dies ist also das Geheimnis der seltsamen „Entkörperung" des Vogels, der dadurch gar nicht mehr wie ein Lebewesen, sondern eher wie ein wertvolles Mosaikornament wirkt!

Daß die Farben so sinnvoll-wirksam verteilt sind, wäre freilich staunenswert genug. Aber wie entstehen sie eigentlich, und wie ist es zu erklären, daß sie sich, während die jungen Federn heranwachsen, überdies zu herrlichen Mustern ordnen – zu Streifen und Säumen, vor allem aber jenen strahlenden „Augen", die Pfauenfedern als Schmuck so begehrt machten?

Um das Verblüffendste gleich vorwegzunehmen: Nur das Gelb und Braun oder Schwarz sind wirklich im Horn der Federn verteilte Farbstoffe, alle anderen „Farben" beruhen auf einer Sinnestäuschung. Sie entstehen, wie die Farben eines Regenbogens oder eines ganz gewöhnlichen Ölflecks auf nassem Asphalt, durch Brechung und Beugung der Lichtstrahlen oder, wie das Weiß des Schnees, durch ihre Totalreflexion. So wenig, wie jemand etwa aus Schnee einen weißen Farbstoff gewinnen könnte, wäre es möglich, mit

Wenn der Pfauenhahn nicht balzt, sind die langen Federn seines „Rades" zu einer lang nachschleifenden Schleppe zusammengelegt.

irgendeinem Lösungsmittel aus dem blauen Halsgefieder des Pfauenhahns einen blauen Farbstoff zu isolieren. Entsteht doch dieses Blau genauso wie das eines tiefen Sees oder ferner Wälder. Immer, wenn wir einen dunklen Hintergrund – wie den Boden eines solchen Sees oder einen schwarzgrünen Tannenwald – durch ein „trübes Medium" erblicken – ob es nun Wasser ist oder der Dunst der Luft –, erscheint er uns blau!

In der Pfauenfeder überlagern luftgefüllte, durchscheinende Markzellen andere, die mit einem dunklen Farbstoff vollgepfropft sind. Das metallische Schillern des dadurch erzeugten „physikalischen Blaus" kommt durch die besondere Oberflächenbeschaffenheit der vielen kleinen Federästchen zustande. Diese Oberfläche kann zum Beispiel aus unzähligen winzigen Hornplättchen zusammengesetzt sein, die in ganz bestimmten Winkeln etwas gegeneinander geneigt sind und Lichtstrahlen wie funkelnde Spiegel reflektieren.

Dabei kommt es zu Interferenzerscheinungen, indem bestimmte Anteile des Lichtspektrums verschwinden und die betreffenden Federpartien in metallischen Farben aufglänzen lassen. Auch an scheibenförmig abgeflachten dunklen Farbstoffkörnern innerhalb der Zellen können derartige Interferenzphänomene auftreten. Enthält nun das Mark von „physikalisch" blau schillernden Federn zusätzlich einen gelben Farbstoff, so ergibt sich aus dieser Mischung für unser Auge ein leuchtendes Grün.

Das eigentliche Geheimnis des Pfauenrades besteht jedoch darin, daß während der Entwicklung und des Wachstums der Rückenfedern jede Federsorte gerade an der „richtigen" Stelle gebildet wird und in jeder Einzelfeder die Zellstrukturen und Farbstoffe so verteilt sind, daß ganz bestimmte, erblich festgelegte Muster entstehen!

Auch daß jede dieser Schmuckfedern gerade so lange wächst, bis sie sich lückenlos in das geschlossene Rund ihrer Nachbarn einfügt, so exakt, daß ein anders gefärbter Punkt, ein „Auge" oder ein Streifenteil zuletzt genau an der passenden Stelle des Gefiedergesamtmusters sitzt – wer könnte dieses unglaubliche Geschehen wohl erklären? Das „Bild" jedenfalls, das am Ende all dieser komplizierten Entwicklungsvorgänge entsteht, das farben- und formenprächtige Mosaik, stellt ein fehlerfreies Ganzes dar!

Wem es vergönnt ist, einen Blick durch das Mikroskop zu werfen, dem eröffnen sich freilich in zweifacher Hinsicht noch ganz andere Perspektiven. Diese farbenprächtige Federfahne, so läßt es die starke Vergrößerung erkennen, ist ein bis ins letzte Detail höchst sinnreich durchkonstruiertes Gebilde, das in geradezu vollkommener Weise „Federleichtigkeit" mit Tragfestigkeit, hohe Elastizität mit Festigkeit vereint. Von der hornigen Achse zweigen nach beiden Seiten mehrere hundert parallele Äste ab, von denen ein jeder wiederum mehrere hundert Paar „Strahlen" trägt. Die nach abwärts gerichteten breiteren, die sogenannten „Bogenstrahlen", sind an ihrem unteren Rand wie eine Dachrinne aufgebogen. In diese Rinnen haken sich, einem winzigen

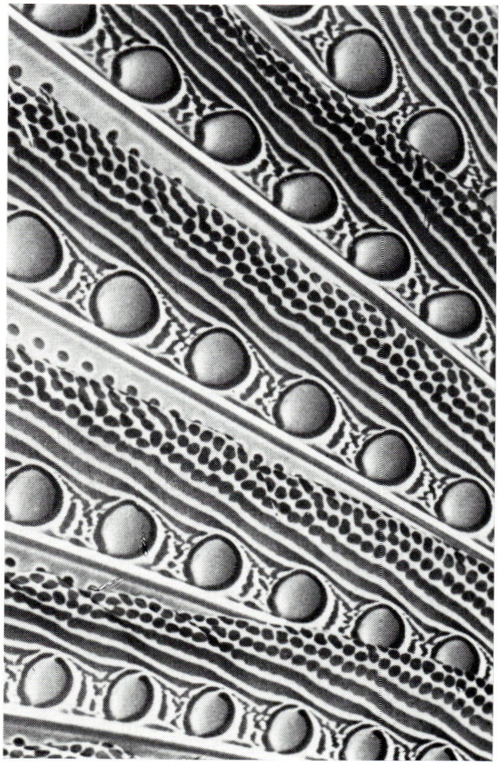

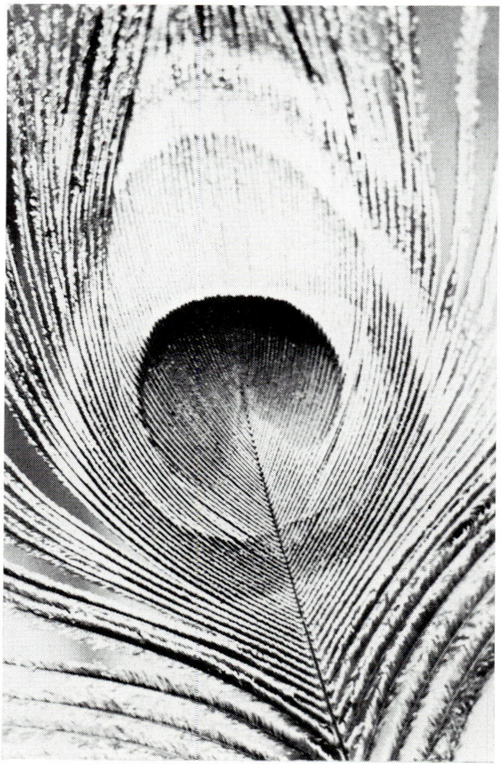

Reißverschluß vergleichbar, mikroskopisch kleine, gekrümmte Fortsätze der federspitzenwärts gerichteten „Hakenstrahlen" des nächsttieferen Astes ein. Sie können in den Rinnen hin- und hergleiten, wobei sich die Federfahne deutlich verbreitert oder schmäler wird. Natürlich kommt es bei ganz besonderer Beanspruchung auch einmal vor, daß einige dieser vielen tausend „Reißverschlüsse" auseinandergezerrt werden, wobei die Häkchen der Hakenstrahlen aus den Rinnen der Bogenstrahlen ganz herausrutschen. Doch durch ein ganz behutsames Glätten der Feder mit Hilfe seines Schnabels bringt der Vogel im allgemeinen tatsächlich fertig, was uns mit den Fingern kaum gelingen will: Die Häkchen schnappen in ihre Rinnen zurück, und die Federfahne, ein Teil der „Tragfläche" des Vogelflügels, ist wieder geschlossen.

Gewiß: Man hat bis jetzt noch nicht bei allen Vogelarten nachzählen können, aber wir wissen immerhin, daß zum Beispiel von jeder einzelnen Handschwinge des Kranichs auf ihrer Innenseite 650 Äste abzweigen, von denen jeder wieder etwa 600 Paar Strahlen trägt. Das sind insgesamt 780 000 Bogen- und Hakenstrahlen, auf einer halben Federfahne! Natürlich ist auch die Anzahl der Federn bei den einzelnen Vogelarten recht unterschiedlich. Sie schwankt bei unseren Singvögeln zwischen 1500 und 3000. Überraschend ist allerdings, daß trotz ihrer sprichwörtlichen Leichtigkeit die Federn eines Vogels insgesamt gar mehr als das Doppelte seines Skelettes wiegen können!

Ob es wohl jemandem gelingt, einmal alles zusammenzuzählen, was hier aufeinander abgestimmt, einander zugeordnet ist, so daß ein sinnvolles Ganzes entsteht – vom Aufbau jeder einzelnen Zelle bis zur Feinarchitektur der Federfahne, von der Verteilung der Pigmentfarbstoffe bis zu Strukturen, die „physikalische Farben" erzeugen, vom richtigen Wachstumsrhythmus bis hin zu den genau passenden instinktiven Verhaltensweisen? Nein, der braucht gewiß kein Mathematiker zu sein, um die nur in wahrhaft astronomischen Zahlen auszudrückende Unwahrscheinlichkeit der Annahme zu erkennen, daß all dies nur Ergebnis eines blinden, ziellosen Zufallspiels sein soll.

Am überraschendsten aber war wohl die Entdeckung, daß dieser so erstaunliche Aufwand an Schönheit offenbar gar keinem bestimmten „Zweck" dient. Ein völlig weißer Albinopfau betört mit seinem schmucklosen Federrad die Hennen ebenso erfolgreich wie ein normaler Hahn. Der Anblick dieses

Links oben: Der balzende Pfauenhahn präsentiert die ganze Pracht seines Federrades. Die „Augen" sind regelmäßig verteilt.

Rechts oben: Balzender Hahn von hinten gesehen. Das knisternde Geräusch beim Aufrichten der Federn ist für die Henne ein wichtiger Verhaltensauslöser.

Links unten: Auf den Federn des Argusfasans sind die Augenmuster, die den Blick der umworbenen Hennen „bannend" auf sich ziehen, noch zahlreicher.

Rechts unten: Das „Auge" der Pfauenfeder ist eine Komposition aus Pigment- und Strukturfarben. Darwin selbst bemerkte einmal, diese für seine Theorie unerklärliche Ordnung mache ihn geradezu krank!

großen Hohlspiegels sowie das unverkennbare Knistern und Rascheln seiner sich aufrichtenden Federn genügen als Reize, um innersekretorische Drüsen des Weibchens anzuregen und die Bildung von Eiern in Gang zu setzen.

Der etwas dürftige darwinistische „Erklärungsversuch", die Farbmusterpracht des Pfauenhahns sei durch sinnfreie Erbsprünge entstanden, unter denen dann die Hennen jeweils die zufällig regelmäßigsten ausgewählt hätten, so daß sich die glanzvolle Erscheinung des Federrades von Generation zu Generation durch „geschlechtliche Zuchtwahl" vervollkommnet habe, ist kläglich gescheitert. Die Pfauenhenne „wählt" überhaupt nicht, und die uns so augenfällige Schönheit ihres Bewerbers imponiert ihr nicht im geringsten.

Auch hier also geht demnach der Farben- und Formenreichtum der lebendigen Schöpfung weit über das Maß des lediglich Existenznotwendigen hinaus. Auch durch diese Feststellung widerspricht sich eine Theorie selbst, die allein in zufälligen Erbänderungen, in sinnfreien Mutationen und ihrer Ausmerzung oder Erhaltung im Kampf ums Dasein Ursache und Motor aller Formbildung erblickt. Vermag sie doch – logischerweise! – eine Weiterentwicklung über das zur Arterhaltung Ausreichende hinaus, das rein Dekorative ohne den geringsten „Auslesewert" mitnichten zu erklären! Da die sichtbare Schönheit des Pfauenrades in ihrer strengen, von einer Generation zur nächsten weitervererbten räumlichen wie zeitlichen Ordnung keinen lebenserhaltenden Zweck erfüllt, versagt jeder rein materialistische Versuch einer Deutung ihres Werdens.

Ja, es war kein Geringerer als der große Charles Robert Darwin selbst, der mit geradezu entwaffnender Offenheit dieses absolute Versagen seiner Theorie angesichts eines derart unwahrscheinlichen Ausmaßes an „Ordnung" demütig eingestand: „Allein schon die Sicht einer Pfauenfeder, wo ich auf sie stoße und auf sie hinschaue, macht mich krank!", so schrieb er im Jahre 1860 an seinen Freund, den Botaniker Asa Grey in Amerika.

Über hundert Jahre später sind wir einer Erklärung dieser Ordnungsphänomene trotz aller spektakulären Fortschritte und Errungenschaften unserer modernen Naturforschung um keinen Schritt nähergekommen. Das eigentliche Problem der Form, so sagt der Baseler Biologe Adolf Portmann, ist noch immer ungelöst! Ja, mehr noch: Die immer tieferen Einblicke, die uns ständig verbesserte und neue Forschungsmethoden in die Gefüge des Lebendigen gestatten, lassen mehr und mehr Zweifel an jedem nur materialistischen Deutungsversuch aufkommen. „Es ist immer unwahrscheinlicher geworden", so schrieb Portmann 1974, „daß der Selektionsvorgang, von dem Darwin ausging, ein entscheidender Faktor beim Formwerden, bei der Entstehung dieser seltsamen, wunderbaren Gebilde gewesen ist."

Vieles, ja schier unendlich vieles in der lebendigen Schöpfung ist eben ganz offensichtlich schön, nur und allein um dieser Schönheit selbst willen. Um wieviel ärmer müßte sie uns erscheinen, wäre nur das in ihr verwirklicht, was zur Erhaltung des Lebens und seiner Weitergabe unbedingt erforderlich ist!

Die „innere Uhr" geht immer richtig!

Alte Bauernregeln verdanken ihre oft überraschende Treffsicherheit meist einer jahrhundertealten Erfahrung und Überlieferung von Naturbeobachtungen. Wer sich allerdings davon überzeugen will, ob es auch mit dem Reimspruch „Fabian und Sebastian – fängt der Saft zu steigen an!" seine Richtigkeit hat, ob tatsächlich bereits am Jahrestag dieser beiden Heiligen gegen Ende Januar trotz Schnee und Kälte der Saft in unseren noch winterkahlen Bäumen langsam emporzusteigen beginnt, der kann dies auf eine recht einfache Weise – ganz ohne Apparaturen oder gar Laboratorien. Ein kleiner Einschnitt, ja selbst nur ein Stich mit der Spitze des Taschenmessers in die weißleuchtende Rinde einer Birke genügt bereits, um zu beweisen, daß sich dieser nur scheinbar immer noch „leblose" Baum unmerklich auf den nahenden Frühling vorbereitet, mag es auch durchaus noch eine Weile mangeln an „belebender" Wärme und an Licht!

Die unaufhaltsam, in immer rascherer Folge aus der winzigen Wunde hervorquellenden, goldgelb schillernden Safttropfen schmecken schwach süßlich. Neben Zucker enthalten sie alle anderen Nährstoffe, die zum raschen Wachstum der allmählich schwellenden Knospen nötig sind. Doch auch der Stamm selbst wächst während dieser Zeit auffallend schnell. Unaufhörlich bildet er dicht unter seiner Borke Leitgefäße mit deutlich größerem Röhrendurchmesser als bei jenen, die noch im letzten Herbst entstanden. Rechtzeitig, wie sorgsam eingeplant in den Rhythmus des Jahres, wird dadurch dem drängenden Frühlingssaftstrom eine Fülle neuer, weitlumiger Leitungsröhren bereitgestellt. Wandverdickungen in Form von Ringen oder Spiralen ermöglichen es ihnen, dem belastenden Druck dieser Strömung standzuhalten, ohne zu zerreißen. Das technische Prinzip des solcherart durch Ringe und Spiralen ausgesteiften Druckschlauches war in der lebendigen Natur schon Hunderte von Jahrmillionen verwirklicht, bevor es menschliche Techniker, wie sie glaubten, „erfanden"!

Doch ganz abgesehen von der Frage nach dem ersten „Erfinder" solcher technischen Meisterlösungen, die keine Naturwissenschaft trotz all ihrer Bemühungen beantworten kann: Was veranlaßt eigentlich den Baum dazu, gerade zur richtigen Zeit sein neues Leitungssystem aufzubauen? Sind es die höheren Temperaturen des beginnenden Frühlings, da doch, wie uns allen aus hinlänglicher Erfahrung bekannt ist, Wärme die Lebensvorgänge beschleunigt? Aber diese Neubildungen und das Saftsteigen beginnen ja, wie bereits festgestellt, schon Wochen bevor die Tage länger und wärmer werden, oft gar, solange noch Schnee auf den Astgabeln lastet und sich die kahlen Zweige unter der Schwere glitzernder Eiszapfen biegen. Ja, selbst ein in die Tropen verpflanzter einheimischer Baum behält seinen heimatlichen Rhythmus in der Jahresringbildung bei, auch wenn es in seiner neuen Heimat gar keine Jahreszeiten gibt! Daß es im streng geordneten Jahreslauf der Bäume auch hier und da einmal Ausnahmen gibt, die ,,innere Uhr", durch welche uns noch verborgenen Einflüsse auch immer, einmal ,,falsch gehen" kann, und die Zweige eines Apfelbaums etwa urplötzlich mitten im Herbst an verspäteten warmen Tagen im vollen Blütenschmuck prangen, bestätigt eher die gewohnte Regel. Solche ,,Irrtümer der Natur", über die wir uns leider mehr wundern als über das viel wunderbarere ,,normale" Geschehen, zeigen doch recht eindrucksvoll, wie unbegreiflich sinnvoll eben gerade dieses alltägliche ,,Normale" abläuft – denn in der überwältigenden Mehrzahl der Fälle geht diese Uhr eben richtig!

Immerhin ist es den Forschern gelungen, das Zusammenwirken einiger ,,Rädchen" dieser inneren Uhr der Pflanzen aufzuklären. Es sind ja keineswegs allein Bäume, die rechtzeitig austreiben. Für jeden unterirdischen Wurzelstock, wie ihn etwa die Frühblüher Anemone oder Maiglöckchen besitzen, jede Knolle und Zwiebel, ja jeden Samen gilt das gleiche! Müßten wir uns nicht eigentlich darüber wundern, daß Kürbis- oder Tomatenkerne in dem geradezu idealen feuchten und warmen Nährboden ihres eigenen Fruchtfleisches nicht sofort im Herbst zu keimen beginnen, sondern bis nach dem Winter warten, wenn für das junge Pflänzchen längst keine Erfrierungsgefahr mehr besteht? Der ,,Trick" der Natur, durch den diese lebensnotwendige Keimverzögerung erreicht wird, erscheint indes recht einfach – wie alles Geniale. Im Fruchtfleisch dieser Pflanzen befinden sich Keimungshemmstoffe, die beim Faulen der Früchte nur zögernd abgebaut werden – ein Prozeß, der just dann beendet ist, wenn das Auskeimen ohne Gefahr erfolgen kann. Die Samen unserer Kern- und Steinobstgewächse enthalten sogar eine Vorstufe des gefährlichen Blausäuregiftes (weshalb man sie auf keinen Fall essen sollte!). Wenn sie quellen – eine Voraussetzung allen Keimens! –, wird die Blausäure frei und unterdrückt durch ihre Giftwirkung das Keimen so lange, bis sie schließlich durch die allmählich verrottete Samenschale entweichen kann. Da dieser Verrottungsprozeß ausreichend lang dauert, kommt es niemals zu einer Winter- oder gar Vorwinterkeimung.

Kurioserweise kann es sogar die Winterkälte sein, die das spätere ,,Keimen zur rechten Zeit" auslöst. Vermutlich sinkt durch den Frost in manchen Samen der Gehalt an Keimungshemmstoffen ab. Sie können also gar nicht auskeimen, ohne einen Winter mit niedrigen Temperaturen hinter sich zu haben. Selbst der wärmste Nachsommer oder mildeste Herbst vermöchte also den ,,Bann" nicht zu lösen!

Auch das Rätsel, weshalb Wüstenpflanzen erst keimen, wenn eine ganz bestimmte Mindestmenge Niederschlag gefallen ist – also nicht gleich nach einem kurzen Regen, der die Samen wohl zum Quellen und Keimen befähigte, zum weiteren Wachsen jedoch nicht ausreichte, so daß sie bald schon verdorren müßten –, konnte geklärt werden. Der Regen muß zuerst die was-

Scharbockskraut im Schnee

Noch ist der letzte Schnee nicht ganz weggetaut, schon durchbrechen die ersten Frühblüher – hier das Scharbockskraut – den oft noch gefrorenen Boden. Bevor das Laubdach sich schließt und der Waldboden ständig im Schatten liegt, müssen sie mit dem Blühen und Fruchten fertig sein. Diese Eile ist nur möglich, weil sie allesamt unterirdische „Speisekammern" besitzen, reich mit Nährstoffen gefüllt. Sie werden bereits im Frühling für das nächste Frühjahr angelegt!

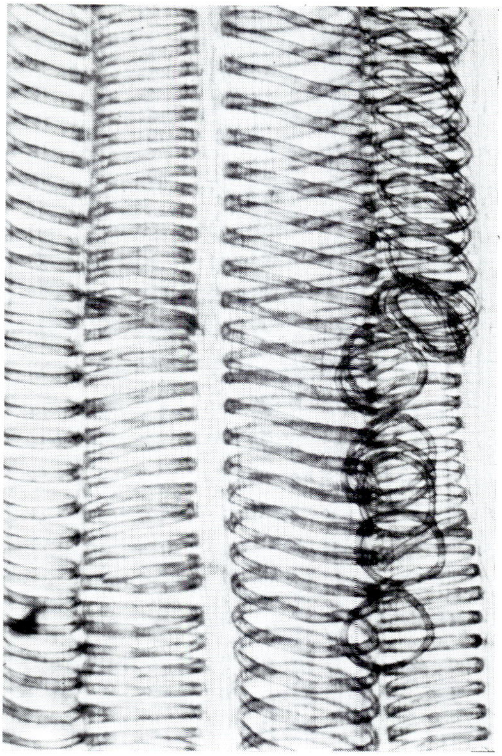

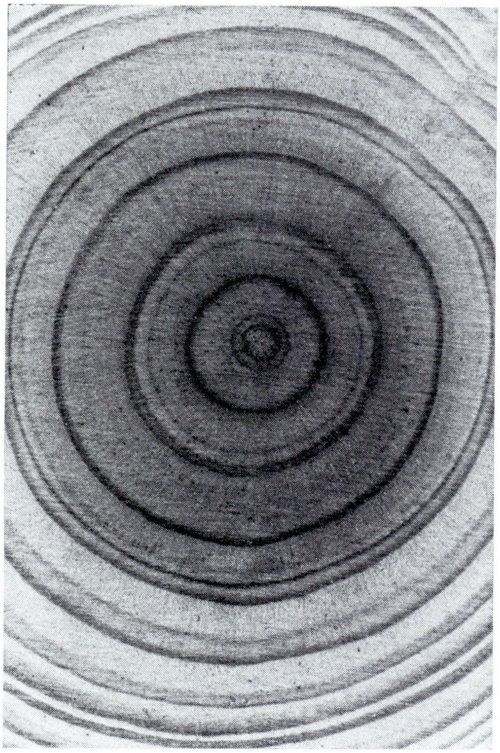

Oben: Die das Bodenwasser bis in die höchsten Gipfel leitenden Gefäße stehen unter hohem Druck und sind durch Ringe oder Spiralen ausgesteift.

Rechts oben: Jahresringe eines Kirschbaums. Die dunkleren Ringe entstehen durch im Herbst gebildete Gefäße mit bedeutend engerem Durchmesser.

Rechts: Jahresringe einer Kiefer unter dem Mikroskop. Im Frühling werden weite, gegen den Herbst zu immer engere Leitungsröhren gebildet (unten ein „Harzgang").

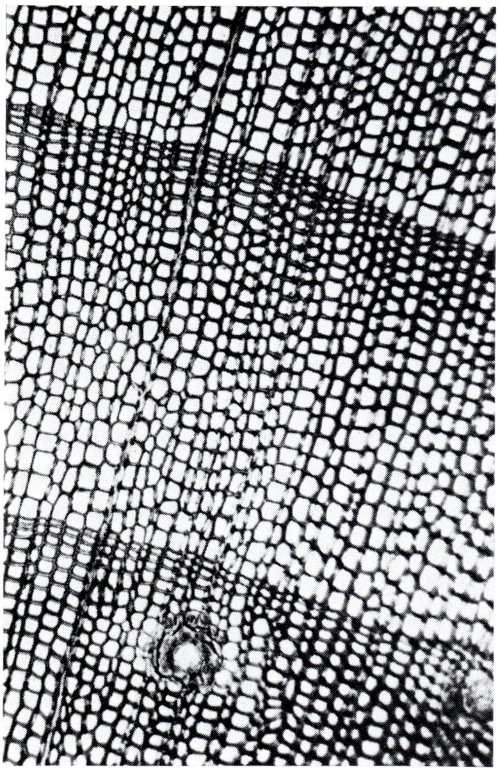

serlöslichen, im Samen enthaltenen Keimungshemmstoffe regelrecht auswaschen – und dazu ist erstaunlicherweise genau die Menge Niederschlag erforderlich, die den Boden so durchfeuchtet, daß dieser Wasservorrat außer dem Keimen auch das Wachstum der Pflanze bis zur Blüte und Fruchtbildung ermöglicht!

Doch damit, daß ein Same keimt, eine zunächst noch winzige Wurzel und ein ebenso winziges Sprößchen seine Schale sprengen, ist es ja keineswegs getan. Die Wurzel muß nämlich ebenso akkurat nach unten in die dunkle Erde wachsen wie der Sproß nach oben, dem Licht zu. Ja, da es schon nach kurzer Zeit allein ihre Aufgabe sein wird, den jungen Sproß mit Wasser und Nährstoffen zu versorgen, muß sie es sogar mit dem Wachsen etwas eiliger haben! Und in der Tat: Wer etwa eine ganz gewöhnliche Bohne in feuchtem Sägemehl keimen läßt, kann sogar verfolgen, um wieviel rascher ihre Wurzel wächst und bereits Seitenwürzelchen ausbildet, lange bevor der Sproß sich auch nur gerade gestreckt hat. Wieder werden wir an eine Uhr erinnert, diesmal sogar an ihre beiden Zeiger, die ja ebenfalls in exakter gegenseitiger Abstimmung verschiedene Geschwindigkeiten einhalten!

So wird also, einem geordneten inneren Zeitplan zufolge, schon ein ausreichend entwickeltes, die Erde durchwucherndes „Wurzelwerk" bereitstehen, wenn der junge Sproß den Erdboden durchbricht, ergrünt und seine ersten Blättchen entfaltet. Eine andere Frage ist nach wie vor, wieso er eigentlich immer den Weg nach oben findet. Ganz sicher spielt da die Schwerkraft eine Rolle, denn mag man auch eine Bohne in die Erde stecken wie man eben will, waagerecht, schräg oder senkrecht – immer wächst ihr Sproß lotrecht nach oben, ihre Hauptwurzel lotrecht nach unten!

Als man entdeckte, daß sich Stärkekörnchen in den Zellen der Wurzelspitze der Schwerkraft folgend jeweils auf den unteren Zellwänden anhäuften – ganz so, wie Murmeln in einer Büchse stets auf ihre untere Wand rollen, mag man diese Büchse nun drehen und wenden wie man will –, glaubte man den Druckreiz dieser „Statolithenstärke" für die Wachstumsrichtung verantwortlich machen zu dürfen. Die Stärkekörner wären dann so etwas wie ein „Schwerkraftkompaß". Aber keineswegs alle Wurzeln enthalten Statolithenstärke und wachsen dennoch wie zielstrebig genau auf den Erdmittelpunkt zu, und beim Sproß, der in die entgegengesetzte Richtung strebt, kann erst recht nicht die Rede davon sein. Daß hier ohne Zweifel innere, in der Pflanze selbst, in ihrem „Bauplan" verborgene Ursachen die letztlich entscheidende Rolle spielen, das zeigen wohl am überzeugendsten die Seitenwürzelchen. Sie wachsen nämlich nicht, wie ihre Hauptwurzel, senkrecht nach unten – das gäbe ja ein unschönes Gedränge! –, sondern in einem ganz bestimmten, von allem Anfang an festgelegten Winkel schräg seitwärts von ihr fort! Nur auf diese Weise kann ja das Erdreich möglichst gleichmäßig durchwuchert werden, ohne daß sich dabei die unzähligen Wurzelfäserchen gegenseitig behindern!

Aber kommen wir noch einmal zurück auf das Rätsel der „inneren Uhr", die durchaus auch, wie das Beispiel der keimenden Samen von Wüstenpflanzen zeigte, sozusagen „von außen gestellt" werden kann. Ist nun das Einhalten eines richtigen Zeitplans durch das Auffinden der verschiedenen Keimungshemmstoffe tatsächlich gelöst? Verwechseln wir, wenn wir solches behaupten, nicht wie leider auch sonst so oft in der biologischen Forschung die Ursache, mit dem, was doch nur Voraussetzung des Geschehens ist? Gewiß: Diese Hemmstoffe und ihre Abhängigkeit von der Temperatur, von den Nie-

Genau zur rechten Zeit durchstößt der noch farblose Sproß der Waldanemone sozusagen mit dem „Nacken" die Erde. So bleiben die zwischen den Blättern verborgenen Blüten unverletzt.

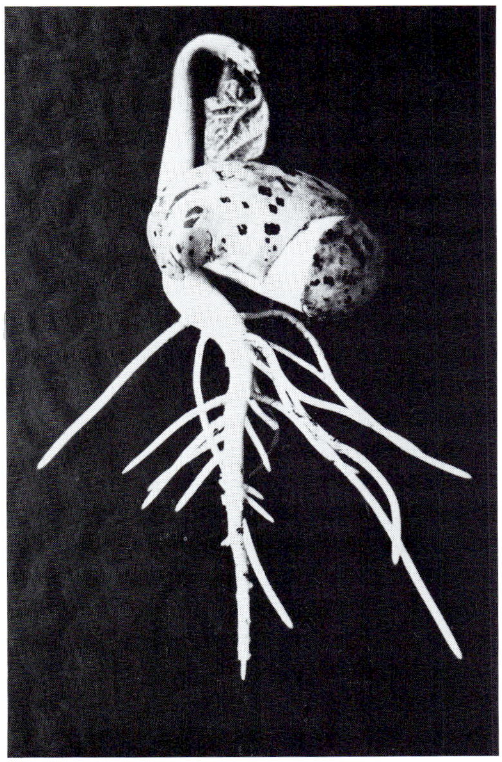

Auch die Feuerbohne durchbricht die Erde wie das Buschwindröschen. Wie sie auch im Boden liegt – immer wächst ihr Sproß senkrecht nach oben, die Hauptwurzel senkrecht nach unten. Alle Seitenwurzeln streben in einem ganz bestimmten, festgelegten Winkel schräg von der Hauptwurzel ab in den Boden.

derschlägen oder der Verrottungsdauer der Samenschalen sind unerläßliche Voraussetzungen dafür, daß ein „Zeitplan" eingehalten wird, der allein den Pflanzen das Überleben im Daseinskampf garantieren kann. Die eigentliche Ur-Sache aber müssen wir sozusagen noch hinter diesen Voraussetzungen suchen – jenen verborgenen Grund dafür, daß sie überhaupt vorhanden, in einer ganz bestimmten Weise am rechten Ort wirken und so genau bemessen sind in ihrer Konzentration, daß die richtige Wirkung erreicht wird! Sind diese Voraussetzungen nicht nur Mittel zum Zweck, Werkzeugen vergleichbar, die ja ebenfalls nicht selbständig wirken, sondern mit Bedacht eingesetzt werden müssen, soll das Ergebnis sinnvoll sein? Dann aber muß man doch fragen, von wem diese Mittel eingesetzt werden und wer sich ihrer als „Werkzeuge" bedient. Dieser letzten Ursache des Lebensgeschehens ist freilich nicht mit naturwissenschaftlichen Forschungsmethoden beizukommen. Sie läßt sich nicht chemisch analysieren, eben weil sie kein „Stoff" ist, sondern sich der Stoffe ja souverän bedient. Die hinter den chemisch faßbaren, stofflichen Voraussetzungen verborgen wirkende Ur-Sache, der letzte Ur-Grund allen Seins und Wirkens wird schon allein aus diesem Grund der Naturwissenschaft immer verborgen bleiben und von all ihren erstaunlichen Forschungsergebnissen überhaupt nicht berührt! Kein Geringerer als Goethe war es, der uns mahnte, dieses seinem Wesen nach für die Naturwissenschaft Unerforschliche „ruhig zu verehren".

Der Ritt ins Schlaraffenland

In der weißen Anemonenblüte lauert das Verderben!

Das klingt etwas zu theatralisch? Nun, vom Standpunkt einer Mörtelbiene aus betrachtet ganz gewiß nicht. Allerdings besitzt sie keine Ahnung davon, was ihr – genauer gesagt ihren Nachkommen – hier im doppelten Wortsinne blüht. Jedenfalls hat sie es lediglich auf den eiweißreichen Blütenstaub abgesehen, den sie auf eine ebenso originelle wie zeitsparende Weise einzusammeln versteht. Sie wälzt einfach ihren plumpen, pelzig behaarten Körper ungestüm auf den dicht gedrängt stehenden Staubbeuteln um und um, dabei wie ein Ertrinkender kräftig mit allen Beinen rudernd, bis genug des goldgelben Puders an ihr haftet. Doch bevor sie, nun schwerfällig wie ein überladenes Transportflugzeug, zum Heimflug startet, ist das Unheil bereits über sie hereingebrochen – und das darf man auch diesmal durchaus wörtlich nehmen!

Wenn nämlich die fleißige Mörtelbiene, die nicht mit vielen ihrer Artgenossen wie unsere Honigbiene in einem „Staat" zusammenlebt, sondern als Einsiedler ganz allein ihre Brutnester baut, Pech hatte, dann ist sie just an eine Blüte geraten, in der ihr ein höchst merkwürdiger Feind auflauerte. Sein blaß orangegelber, wurmähnlich langgestreckter Körper fällt vor dem Hintergrund der hellen Blütenkronblätter kaum auf. Sobald aber die winzigen Augen des seltsamen Tierchens mit den langen Borsten am Hinterleibsende den Blütenbesucher erspähen, klammert es sich mit seinen sechs Beinen, deren jedes in einer dreizackigen Klaue endet, an dessen dichtem, dunklem Haarpelz fest. Die „Einsiedlerbiene" spürt das Gewicht dieses federleichten Reiters nicht und trägt ihn, ohne auch nur das geringste davon zu merken, mit in eine ihrer „Kinderstuben".

Diese Kinderstuben, die Brutkammern der Mörtelbiene, sind vielleicht irgendwo in einer versteckten Mauerritze, meist aus Lehm oder Löß, mitunter auch, wenn es an diesem Baumaterial mangelt, aus kleinen Sandkörnchen nach allen Regeln der Baukunst gemauert. Körnchen auf Körnchen, Lehmklümpchen auf Lehmklümpchen klebt die Einsiedlerbiene, mit dem eigenen Speichel als rasch erhärtendem Mörtel verkittet, so plangerecht aufeinander, daß schließlich gleich große, fingerhutförmige, getrennte Zellen entstehen. Tatsächlich sind sie – ganz so, als könnte sich das unscheinbare Tier noch seiner eigenen Brutzelle erinnern – genau so bemessen, daß sie eben gerade noch einer ausgewachsenen Mörtelbiene, dem Vollinsekt nach seiner letzten Häutung und damit dem Abschluß seines Wachstums, ausreichend Platz gewähren. Nicht ein winziges Lehmklümpchen oder Sandkörnchen zuviel wird hier verbaut! Rationeller geht es kaum: Die „fertige" Biene stößt mit ihrem behaarten Scheitel an den kleinen, runden Deckel, mit dem ihre Mutter ganz zum

Schluß ihrer Bautätigkeit die Brutzelle sorgsam verschließt, so daß kein Feind Zutritt hat und die Entwicklung der jungen Bienenlarve stören kann.

Nun aber bringt sie selbst sogar einen Feind auf ihrem breiten Rücken mit, merkt nichts davon, daß er seine wie eigens dafür geschaffenen Klauen aus ihrem Pelz löst und von seinem lebenden Flugzeug wagemutig abspringt – ganz so, als wüßte er genau, daß er nun sein Ziel erreicht hat. Ein zu frühes Abspringen, unterwegs etwa, während die Biene eine weitere Blüte besucht, würde ja unfehlbar den Tod der ,,Dreiklauer"-Larve bedeuten. So aber verhält sie sich völlig richtig, indem sie sich an die geglättete Innenwand der gemauerten Brutzelle schmiegt und dort regungslos verharrt, bis die Biene sich ihrer Tracht entledigt hat. Die ist nun allerdings auch viel zu beschäftigt, um von dem frechen Eindringling überhaupt Notiz zu nehmen. Sie bürstet sich mit den Beinen den Blütenstaub aus ihrem Pelz, vermengt ihn mit Honig und legt zu diesen Nahrungsvorräten für ihre Brut ganz zuletzt ein Ei. Daß übrigens auch die Menge dieser Nahrungsvorräte exakt so ,,berechnet" ist, daß sie gerade ausreichen für die Entwicklung der bald aus dem Ei schlüpfenden Bienenlarve, bis hin zu ihrer Verpuppung zum Vollinsekt, das sei hier nur ganz nebenbei erwähnt. Jedenfalls bringt unsere Mörtelbiene das alles fertig ohne Küchenwaage oder Meßbecher, und nicht ein einziges Mal unterläuft ihr dabei auch nur der kleinste Meßfehler! Nach erfolgter Eiablage wird die Brutzelle völlig zugemauert, der bereits erwähnte kleine runde Deckel aufgesetzt, und die Baumeisterin wendet sich der nächsten Larvenkammer zu.

In diesem Augenblick erst, keine Minute zu früh, tut der eingeschmuggelte Feind etwas, das wiederum wohlüberlegt, ja mit aller Raffinesse geplant anmutet, obgleich er gar kein Gehirn besitzt, das zum Überlegen taugte: Er fällt nicht etwa über die so verlockenden Futtervorräte in dieser wohlgefüllten Speisekammer her, sondern beseitigt zuerst die ,,Konkurrenz", indem er das Bienenei auffrißt! Das Honigschlürfen dürfte ihm zudem in diesem Moment auch recht schwerfallen, denn er verfügt jetzt noch über Mundwerkzeuge und Verdauungsorgane, die – rein ,,zufällig", versteht sich! – nur zum Verzehr des Eies geeignet sind. Tatsächlich muß er sich nach diesem ,,Mord" am rechtmäßigen Eigentümer der Zelle vor dem Verzehr der Vorräte zunächst einmal häuten und dabei eine ganz andere Gestalt annehmen. Nun schaut die Schmarotzerlarve, in wunderbarer Anpassung an die jetzt völlig veränderten

Links oben: Anemonen, die mit Vorliebe von den Ölkäferlarven erklettert werden, wenden ihre weißen Blüten stets der Sonne zu (Pfeil = Richtung der Sonnenstrahlen).

Rechts oben: Die Mauerbiene hat ein Loch im Stein mit Sandkörnern zugemauert. Dabei verwendet sie ihren Speichel als Mörtel. Nur das Flugloch ist noch offen – so lange, bis alle Zellen hinter dieser künstlichen Mauer mit Pollen und Nektar versorgt und in jede ein Ei gelegt ist.

Links unten: Weibchen des Maiwurms oder Ölkäfers. Sein verlängerter, unförmiger Hinterleib enthält etwa 1200 Eier.

Rechts unten: Mörtelbiene in ihrem geöffneten, fingerhutförmigen Zellengehäuse. Daneben eine unversehrte Zelle.

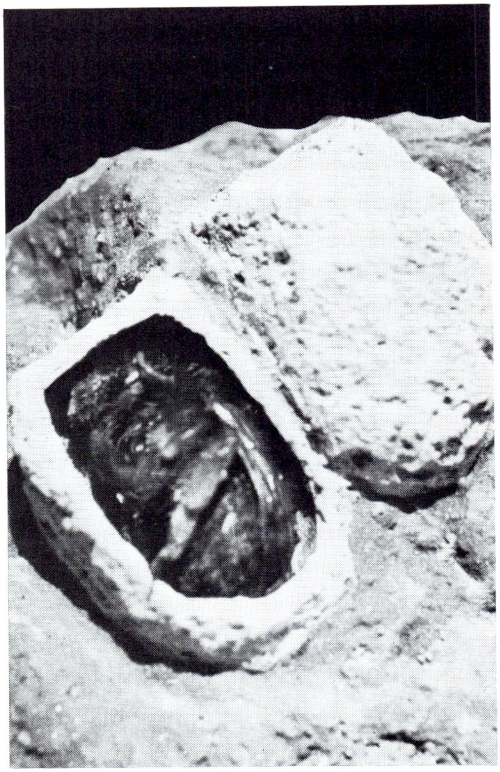

Lebensverhältnisse, fast wie ein Miniaturengerling aus. Ihr Körper ist dick und fleischig geworden, mit einer weichen, faltigen Haut, die jede Färbung verloren hat. Die Füße mit ihren zum Erklettern schlanker Blütenstiele und zum Festkrallen am Bienenpelz so ideal eingerichteten Klauen sind zu unscheinbaren Stummeln verkürzt. Mehr braucht die Larve ja nicht in ihrer engen, dunklen Kammer, wie im Schlaraffenland auf und neben ihrem reich gedeckten Tisch liegend! Bedarf es eigentlich noch einer besonderen Hervorhebung, daß dieses seltsame Geschöpf nach seiner ersten Verwandlung mit den „neuen" Mundwerkzeugen, ja mit all seinen Verdauungsdrüsen und -organen der so sehr veränderten Blütennahrung entsprechend angepaßt ist? Sind die von der Einsiedlerbiene freilich zu einem ganz anderen Zweck gespeicherten Vorräte aufgezehrt, häutet sich der Eindringling abermals und wird dabei zu einer hornigen „Scheinpuppe", die statt der Beine nur noch kleine Höckerchen besitzt und fast bewegungslos die unwirtlichen Wintermonate in ihrer verborgenen Behausung überdauert. Erst im Frühling, nach einer weiteren Häutung, verwandelt sich dieses absonderliche Wesen in eine echte Insektenpuppe, um dann endlich im Mai als fertig entwickelter Käfer sein Versteck endgültig zu verlassen.

Nein, eine Schönheit ist dieser plumpe Käfer gewiß nicht! Plump und unbeholfen ob ihres unförmlich angeschwollenen, wurmartig verlängerten Hinterleibes unter viel zu kurzen, weit auseinandergespreizten Flügeldecken kraxeln die „Ölkäfer"-Weibchen durch das Gras. Allerdings: Angst vor irgendwelchen Feinden scheinen sie trotz ihrer Langsamkeit nicht zu haben. Man möchte fast meinen, sie wüßten genau Bescheid über ihre äußerst wirksame „chemische" Waffe, die jeden Angreifer in die Flucht jagt. Wird nämlich ein solcher „Maiwurm" unversehens gepackt, läßt er aus seinen Gelenken winzige Tröpfchen einer gelblichen Flüssigkeit austreten, die zarte Hautpartien empfindlich verätzt. Es handelt sich um das Gift Cantharidin, das in der alten Heilkunde einst eine bedeutende Rolle gespielt hat. In einem „Thierbuch" aus dem Jahre 1702 heißt es von diesem Gift des Öl- oder „Schmaltzkäfers": „Es hat schier der Schmaltzkäfer der Spanischen Mucken Natur, heilet den Biß eines wütenden Hunds, vertreibet das lauffende Zipperlein, wann man dessen Pulver giebet." Die spanische Fliege ist eine dem Maiwurm verwandte Käferart, deren gesamten Körper das gefährliche Cantharidin gleichsam durchtränkt.

Doch hat auch die Häßlichkeit ihren Sinn! Der angeschwollene, schwerfällig nachschleppende Hinterleib des Ölkäferweibchens ist nämlich zum Bersten gefüllt mit Eiern – insgesamt zirka 1200 an der Zahl! Das ist selbst unter Käfern etwas ungewöhnlich. Aber die ebenfalls ungewöhnliche Lebensgeschichte dieses Tieres macht es wohl erforderlich, die reichlich zu erwartenden Ausfälle durch eine Überproduktion von Nachkommen wieder auszugleichen. Die walzenförmigen Eier werden von der Käfermutter in Häufchen zu je 300 bis 400 Stück im lockeren Erdboden abgelegt, und erst nach drei bis vier Wochen schlüpfen daraus die Dreiklauerlarven. Wie viele von ihnen werden tatsächlich das Glück haben, die „richtige“ Biene zu finden und rechtzeitig den gewiß nicht ungefährlichen „Ritt ins Schlaraffenland“ anzutreten? Denn Zoologen sind sie ja nun einmal nicht und können daher eine Einsiedlerbiene auch durchaus nicht von einer Hummel oder anderen Blütenbesuchern unterscheiden! Setzen sie aber – und zwar in diesem Falle sich selbst! – aufs „falsche Pferd“, dann führt dieser Ritt durch die Luft mit Gewißheit in den sicheren Tod. Nur bei Einsiedlerbienen und nicht etwa im Nest der staatenbildenden Hummeln findet die Ölkäferlarve ja bis ins letzte Detail alle Voraussetzungen ihrer Weiterentwicklung bis zur letzten Verwandlung. Diese totale Abhängigkeit ist nun einmal der hohe Preis einer so schlechthin vollkommenen Anpassung!

Und vollkommen ist sie in der Tat! Es dürfte recht schwerfallen, all die vielen Dinge, die Besonderheiten des Körperbaues bei beiden Tieren wie nicht minder ihre genau dazu passenden komplizierten angeborenen Verhaltensweisen, die so minuziös aufeinander abgestimmt scheinen, „auseinanderzudividieren“. Was nützten denn der Ölkäferlarve zum Beispiel ihre Klauen, hätte die Einsiedlerbiene nicht das dazu passende Fell und sie selbst nicht den Instinkt, der Biene am richtigen Ort aufzulauern, ihr auf den Rücken zu springen und – wiederum genau zum richtigen Augenblick! – den Absprung zu wagen? Nein, wer hier alles erfassen, alle Zusammenhänge und Wechselwirkungen darstellen, ein vollständiges Bild dieser unerhörten Harmonie zeichnen wollte, der wäre wohl trotz aller menschlichen Klugheit weit überfordert. Daß allein blinder, zielloser Zufall solches zuwege gebracht haben könnte, das freilich ist noch weit unvorstellbarer!

Zigarren am Eichbaum

Wer wird wohl schon Zigarren an Eichbäume hängen, dazu auch noch mitten im Wald?

Aber von weitem sehen diese merkwürdigen Gebilde tatsächlich aus wie Zigarren. Aus der Nähe betrachtet zeigen sich dann allerdings die Unterschiede. Jede der abertausende vermeintlicher Zigarren im Eichenwald besteht nämlich nur aus einem einzigen Blatt. Zudem ist dieses Eichenblatt nicht fest zusammengerollt, sondern nur zu einer Röhre zusammengebogen und an seinen Rändern offensichtlich sehr sorgsam und lückenlos „vernäht". Das silberweiß leuchtende Nähgarn ist zwischen den Einbuchtungen der Blattränder hier und da ganz deutlich zu erkennen.

Wer hier genäht hat? Ja, um das herauszufinden, braucht man die Blattrolle nur ganz vorsichtig zu öffnen. Am besten trennt man ihre Naht mit Hilfe eines scharfen Taschenmessers regelrecht auf. Aber wer nur behutsam genug zu Werke geht, der kann die beiden miteinander vernähten Blattränder auch allein mit seinen Fingern durch Auseinanderziehen trennen. Auf der nun ausgebreiteten Blattfläche wird er dann eine überraschende Entdeckung machen! Der Bewohner dieser wind- und regendichten Behausung ist nicht etwa, wie die Naht aus Seide vielleicht vermuten läßt, eine Spinne, sondern eine Raupe. Besser gesagt ein Räupchen, denn gemessen an der Größe seiner Wohnung ist dieser Bauherr wahrlich ein Zwerg!

Genau dies ist sein Problem. Wie in aller Welt bringt es ein kaum zehn Millimeter langes Räupchen fertig, selbst wenn es über Spinndrüsen verfügt, die Seitenränder eines Blattes miteinander zu vernähen, wo dieses Blatt sechs, acht oder gar noch mehr Zentimeter breit ist? Vermag es doch nicht einmal beide Ränder gleichzeitig zu berühren, um sie etwa aufeinander zuzubiegen, ganz abgesehen davon, daß es ja auch keinerlei zum Packen und Festhalten geeignete Beine besitzt! Außerdem ist so ein frisches, grünes Eichenblatt nicht nur verhältnismäßig lederig-derb, sondern obendrein auch noch recht elastisch. Man braucht ja nur einmal selbst mit Hilfe von zehn Fingern zu versuchen, die beiden tief gebuchteten Blattränder so gegeneinanderzudrücken, daß eine möglichst gleichmäßig gewölbte Röhre entsteht. Immer wieder klaffen hier und dort Lücken, weil die elastisch federnden Blatthälften ständig in die normale, flach ausgebreitete Lage zurückschnellen. Nur allzu leicht passiert es bei diesem ungeschickten Versuch, es dem Raupenzwerg gleichzutun, daß die Blattröhre einen scharfen Knick erhält, einen „Kiel", der die Bewegungsfreiheit eines Bewohners sicherlich stark einschränken würde. Wieso passiert aber dem Räupchen so etwas nie, wie bringt es dies selbst uns Unmögliche fertig, ohne einen einzigen beweglichen Finger?

Es mag vielleicht überraschend klingen, aber diesem Kunststück kann jeder ohne besondere Schwierigkeiten, ganz ohne ausgeklügelte Experimente, teure Versuchseinrichtungen und Laboratorien zuschauen. Es genügt, eine dieser Blattzigarren zu öffnen, das Räupchen auf ein anderes, frisches Eichenblatt zu setzen und mit ein klein wenig Geduld der kommenden Ereignisse zu harren. Nicht einmal anzufassen braucht man das gegen Druck empfindliche Tier. Es läßt sich einfach von seinem etwas schräg gehaltenen Blatt auf das neue, daruntergeschobene hinabrollen.

Natürlich ist es anfangs, so urplötzlich aus Ruhe, Dunkel und Geborgenheit aufgeschreckt und dem hellen Tageslicht ausgesetzt, etwas erregt und kriecht unstet auf der großen, dunkelgrünen Blattoberfläche hin und her, als wolle es erst einmal eine gründliche Inspektion seines zukünftigen Baumaterials vornehmen. Nach einer Weile aber scheint es sich beruhigt und mit den neuen Umständen abgefunden zu haben. Vielleicht hat es das überhastete Herumkriechen auch nur ermüdet, denn nun scheint es sich zunächst erst einmal ausruhen zu wollen und legt sich, lang ausgestreckt, geradewegs auf die Blattmittelrippe. Doch die Ruhe ist nicht von Dauer. Bald schon wird das Räupchen wieder rege und pendelt, als suche es angestrengt irgend etwas, mit seinem Kopf hin und her. Dabei preßt es jeweils links und rechts in gleichem Abstand von der Mittelrippe seine Kiefer fest gegen die Blattfläche, just mit der Stelle, wo die Öffnung seiner Spinndrüsen sitzt! Daß es dabei jedesmal ein winziges Tröpfchen Spinnflüssigkeit hervorquellen läßt, es während der Kopfdrehung über die Mittelrippe hinweg zu einem hauchdünnen Fädchen auszieht, das an der Luft sofort erhärtet und mit seinem Ende auf der anderen Seite angeheftet wird, erkennt man freilich nicht sofort. Erst nachdem auf diese Weise von rechts nach links und, sozusagen auf dem Rückweg, von links nach rechts schon einige Dutzend Fäden gespannt sind, reflektieren sie das Licht so stark, daß sie nunmehr als ständig breiter werdende, seidene „Brücke" über die Mittelrippe hinweg sichtbar werden.

Auch die Grenze dieser Arbeit scheint genau vorprogrammiert. Jedenfalls bricht unser Räupchen sein unermüdliches Spinnen und Fadenspannen ab, sobald die seidene Brücke eine gewisse Stärke erreicht hat und ruht sich wieder für kurze Zeit aus. Danach beginnt das gleiche Spiel von neuem, nur ist diesmal der Arbeitsplatz ein kleines Stück weiter nach oben, nach der Blattspitze zu vorverlegt. So entsteht nach und nach eine Fadenbrückenreihe vom Blattgrund bis fast zur Blattspitze, die an die Sprossen einer weißen Strickleiter erinnert. Noch ist nicht ersichtlich, wozu das alles eigentlich nütze ist – bis sich das Eichenblatt, fast unmerklich noch, auf geheimnisvolle Weise zu bewegen beginnt, obwohl die Raupe sich selbst völlig ruhig und abwartend verhält. Wie um ein Scharnier werden die beiden Hälften des Eichenblattes um ihre eigene, starke Mittelrippe von einer unsichtbaren Kraft langsam, ganz, ganz langsam hochgeklappt, so daß sie nun wie die leicht angehobenen Flügel eines fluchtbereiten Schmetterlings etwas schräg nach oben stehen. Darauf aber scheint das Räupchen nur gewartet zu haben, denn ohne noch weiter

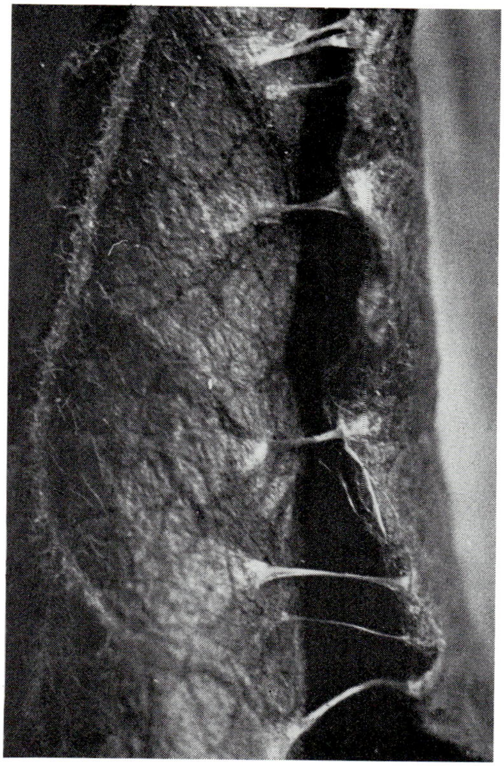

zu zögern, beginnt es jetzt, sobald sich die Oberflächen der linken und rechten Blatthälfte einander genügend genähert haben, oberhalb der ersten Fadenbrückenreihe eine zweite zu spannen. Nun wird auch erkennbar, welche verborgene Kraft das ist, die beide Blatthälften in Bewegung setzt. Die Fadenbrücken schrumpfen allmählich zusammen, verkürzen sich dabei wie vorher gespannte Gummizüge und ziehen sie dadurch immer kräftiger aufeinander zu! Auch die Fadenbrücken der zweiten „Leiter" beginnen schon bald sich zu verkürzen. Wenn sie völlig zusammengeschrumpft sind, stehen die beiden Blatthälften beträchtlich steiler als zuvor, so daß ohne Schwierigkeiten über dieser zweiten Reihe von Fadenbrücken eine dritte angelegt werden kann. Schließlich ist es so weit, daß sich die Blattränder berühren und von der Raupe direkt mit Spinnseide vernäht werden können. Danach endlich kann sie sich einmal wirklich ausruhen, denn in ihrer nun fertigen „Zigarre" ist sie ja verhältnismäßig sicher vor Feinden, vor allem vor den stets hungrigen Singvögeln. In der Geborgenheit seiner wohlklimatisierten Behausung ist das Räupchen fürderhin nur noch mit Fressen beschäftigt. Wohlklimatisiert ist übrigens keineswegs übertrieben, denn da der austrocknende Wind ferngehalten wird, bleibt die Luftfeuchtigkeit im Inneren der „Zigarre" stets gleich, und selbst die Temperaturschwankungen werden weitgehend ausgeglichen. Die Nahrungsversorgung ist für jemanden, der niemals „Ausgang" hat, auf geradezu ideale Weise gesichert. Mit seinen scharfen Kiefern schabt und nagt das Räupchen die Blattoberfläche, sozusagen also die lebende Tapete seiner Wohnung, ab und verzehrt sie nach und nach. Die Spuren dieser Tätigkeit sind an der geöffneten Blattrolle deutlich zu erkennen, ebenso die kleinen Kotkrümel, und von dem mit aufgenommenen Chlorophyll, dem Blattgrün, schimmert der Darm des Tieres grünlich unter seiner durchscheinenden, dünnen Chitinhaut. Kurz vor ihrer Verpuppung, genau zur rechten Zeit, nagt sich die nun größer gewordene, wohlgemästete Raupe eine Öffnung in die Blattrollenwand und verläßt ihre bisherige Behausung. An einem Seidenfaden seilt sie sich kunstgerecht ab, oft viele Meter tiefer, bis sie in Ritzen der Eichenborke oder auch erst ganz unten im Waldboden ein geeignetes Versteck findet, in dem sie sich ungestört verpuppen kann.

Links oben: Die Raupe frißt im Inneren ihrer Blattzigarre von dem Blattgewebe. Deutlich sind die Fraßspuren und Kotkrümel zu erkennen.

Rechts oben: Quer über die Blattmittelrippe hinweg hat die Raupe ihre Seidenbrücken gespannt. Deutlich ist zu erkennen, daß sie sich bereits verkürzen und die Blatthälften um die Mittelrippe als „Scharnier" aufeinander zuziehen.

Links unten: Wenn sich die beiden Ränder eines Blattes fast berühren, können sie direkt miteinander vernäht werden.

Rechts unten: Die aus einem Eichenblatt von der Raupe des Eichenwicklers gefertigte „Zigarre". An seinen Rändern ist das Blatt kunstvoll mit Spinnseide vernäht.

Wenn dann der junge Schmetterling, der aus dieser Puppe schlüpft, sein Versteck verläßt, wird er wiederum das einzig Richtige tun: sich unter all den vielen verschiedenen Baumarten des Waldes eine Eiche heraussuchen, um dort an den Blättern – auf der staub- und regengeschützten Unterseite, versteht sich! – seine Eier abzusetzen. Bald schon schlüpfen die Räupchen aus, und alles beginnt wieder von vorn, mit den gleichen technischen Tricks, mit genau der gleichen, unglaublichen Präzision!

Gewußt wie? Nein, das ganz gewiß nicht. Der allenfalls bei mikroskopischer Vergrößerung sichtbare Nervenknoten, der diesen unscheinbaren Wicklerraupen als „Gehirn" dient, reicht nun doch bei weitem nicht aus, um damit etwa denken und folgerichtige Überlegungen anstellen zu können. Daß alle Räupchen des Eichenblattwicklers – und ihre Zahl ist, das darf ohne jede Übertreibung gesagt werden, Legion! – genau die gleiche Arbeitsmethode anwenden, bis in die letzten Details der verschiedenen Bewegungen hinein, beweist zudem, daß wir es auch hier wieder mit einem angeborenen Verhalten, mit einem Instinkt zu tun haben. „Gekonnt wie" – ohne auch nur das mindeste darüber zu wissen –, müßte es also richtig heißen!

Tatsächlich ist also der gesamte Handlungsablauf, von der Eiablage über das so überaus klug, ja spitzfindig anmutende „Zigarrenrollen", das Abseilen in ein Verpuppungsversteck bis zum Schlüpfen des Schmetterlings und der erneuten Eiablage fix und fertig „vorprogrammiert". Lassen wir die brennende Frage offen, wer diesen Minicomputer konstruiert, wer ihn programmiert hat – es ist freilich Wunders genug, daß solch ein mikroskopisch kleines Gehirn, dieser Knoten aus Nervenzellen all das gespeichert enthält. Niemand weiß, nach welchem Schaltschema, welchem geheimen Code diese komplexen Handlungsabläufe „verschlüsselt" sind. Ein von Menschen erdachter und gebauter Computer, der nicht allein alle erforderlichen Daten speichern, sondern sie auch zur rechten Zeit entsprechend „abrufen" und in koordinierte, streng geordnete Bewegungsfolgen umsetzen könnte, wäre zweifellos eine ziemlich umfangreiche Maschine. Aber selbst wenn es gelänge, diese Riesenmaschine zu konstruieren, wäre dies nur möglich unter Aufbietung eines Höchstmaßes an Intelligenz und Erfindergeist einer Vielzahl ausgebildeter Fachleute!

Den „Kühlschrank“ haben die Wespen erfunden!

„Wärme ist viel leichter zu haben als Kälte. Ein Feuer kann entzündet werden – der Kühle aber muß man nachlaufen, auf Bergeshöhen oder in Erdhöhlen und Kellergewölben, oder man muß auf sie warten, bis sie da ist, und auch dann läßt sie sich nicht halten und vergeht wieder – während man ein Feuer, wärmender als die größte Sommersonnenhitze, spielend leicht beliebig lange unterhalten kann.“ So schrieb vor mehr als 350 Jahren der berühmte englische Staatsmann, Philosoph und Forscher Francis Bacon. Er hielt es geradezu für eine Unmöglichkeit, Kälte ebenso künstlich zu erzeugen wie Wärme, weil dieser Vorgang „unnatürlich“ sei. Tatsächlich sollten nach seinem Tod noch weit über 200 Jahre vergehen, bis es menschlichem Erfindergeist zum erstenmal gelang, auch bei sommerlichen Außentemperaturen Eis künstlich herzustellen! Uralte Überlieferung weiß zu berichten, daß Kaiser Nero Schnee von den Alpengletschern nach Rom bringen ließ, um damit seine Speisen und Getränke zu kühlen. Nur ein kleiner Rest dieses Eises wird, kühl gehalten von dem unterwegs schmelzenden Hauptanteil, den langen Transport in schwer-

Zwei durch Pfeiler getrennte Wabenetagen eines Wespennestes. Auf das „Dach“ der unteren Wabe wird bei Hitze Wasser gespritzt, so daß die Verdunstungskälte die Larven abkühlt.

„Geburt“ einer Wespe

Die in der Geborgenheit ihrer Zelle herangereifte junge Wespe nagt sich durch den gewölbten Zellendeckel in die Freiheit. Sie tut das genau im richtigen Augenblick – nicht zu früh und nicht zu spät. Die aus einer Papiermasse gefertigten Wespenzellen sind so groß, daß das reife Tier gerade hineinpaßt. So wird kein Baumaterial vergeudet.

fälligen Karren jeweils überstanden haben. Noch im 12. Jahrhundert wunderte sich König Richard Löwenherz von England, als ihm ein Sultan eisgekühlte Getränke reichen ließ. Bis ins Morgenland wurde damals das wertvolle, begehrte Eis der Alpen verfrachtet!

Erst in unserem Jahrhundert ist es der menschlichen Technik gelungen, durch die Konstruktion preiswerter Kühlschränke diesen einstmaligen Luxus unermeßlich reicher, mächtiger Herrscher auch dem „einfachen Mann" zugänglich zu machen. Doch auch was die Kühltechnik anbetrifft, waren uns klugen Menschen viele Tiere seit Jahrmillionen schon voraus. Gewiß: Eismaschinen haben sie nicht erfunden, wohl aber zum Teil recht „ausgeklügelt", ja geradezu raffiniert anmutende Vorrichtungen, die völlig ausreichen, ein ganzes Nest so kühl zu halten, wie es eine gesunde Entwicklung der heranwachsenden jungen Brut und das Wohlbefinden aller seiner Bewohner erfordern.

Noch am einfachsten sind die Kühlvorrichtungen im Bau mancher Termiten. Als Tropenbewohner lieben sie Temperaturen um 30 Grad, doch die sengenden Strahlen der hochstehenden Mittagssonne würden, zusammen mit der Körperwärme Zehntausender in ständiger Bewegung befindlicher Tiere, den Erdbau weit über dieses erträgliche Maß hinaus erhitzen. So errichten diese Termiten ihre oberirdischen Bauten aus Erde, Exkrementen und erhärtendem Speichel als „Mörtel" gleichsam wie superschmale Hochhäuser von drei bis vier Metern Länge und Höhe, jedoch nur einem Meter Breite genau in nordsüdlicher Richtung! Wie sie das allerdings ohne Kompaß fertigbringen, ist eine Frage für sich. Jedenfalls aber wird durch diesen Trick erreicht, daß nur die Morgen- und Abendsonne auf die großflächigen Wände scheint, die heiße Mittagssonne jedoch höchstens die ihr zugekehrte Schmalseite erwärmen kann. Ein raffiniert ausgeklügeltes Lüftungssystem mit eingebauten Ventilationsschornsteinen sorgt außerdem dafür, daß die Temperatur im Inneren der Riesenbauten erträglich bleibt.

Die Erfinder einer echten Kühltechnik, die es ermöglicht, tiefere Temperaturen zu erzeugen, als sie in der Umgebung des Nestes herrschen, sind jedoch unsere Hautflügler, die Wespen und Bienen. Wespen und Hornissen müssen, im Gegensatz zu den Bienen, die das Wachs für ihre Waben aus besonderen Drüsen regelrecht ausschwitzen, den Baustoff für ihre kunstvollen Nester selbst herstellen. Sie zerkauen Holz, das sie mit ihren scharfzähnigen Kiefern von morschen Bäumen, Zaunlatten oder Telegrafenstangen abraspeln. Fein zermahlen und mit Speichel durchmischt, ergibt es eine breiige Masse, die an der Luft alsbald zu einem papierartigen grauen Stoff erhärtet. Man darf durchaus annehmen, daß die ältesten Papierhersteller sich diese Technik bei den Wespen abgeguckt haben – zumindest was den Rohstoff Holz und seine erste Bearbeitung anbetrifft. Was Wespen und Hornissen aus ihrem Papierbrei ver-

Feldwespe auf ihrer Wabe. Ihre Larven füttert sie mit zerkautem Fleisch von Raupen, Fliegen und anderen Insekten.

fertigen, ist allerdings noch rätselhafter als die ,,Erfindung" der Papierherstellung selbst. Ohne Zirkel und Winkelmaß bauen sie im wahrsten Sinne des Wortes papierdünne, regelmäßig sechseckige Zellen für ihre Brut – und das beileibe nicht etwa in einem wirren Klumpen zusammengeballt, sondern in einzelnen flachen Etagen übereinanderliegend wie die Stockwerke eines modernen Hochhauses.

Übrigens: Die Wespen müssen noch mit einem Problem fertig werden, das unseren Bienen mit ihren flachen Wachswaben freilich keine Sorge bereitet. Ihre Papierwaben sind, besonders deutlich etwa die der Feldwespe, gewölbt. Dennoch darf der Innenraum der randständigen Zellen nicht kleiner sein als bei den mittelständigen, denn die darin heranwachsenden und sich am Ende verpuppenden Larven sind ja allesamt gleich groß! Die Wespen verstehen es jedoch, trotz gewölbter Wabenoberfläche alle Zellinhalte auf genau gleicher Größe zu halten. Sie ordnen die randständigen Zellen einfach schräg an! Die Wölbung des gesamten Bauwerks bewirkt nebenbei auch eine Verstärkung seiner inneren Festigkeit, gewissermaßen als architektonischer Ausgleich für die Empfindlichkeit des papierdünnen, schwachen Baumaterials.

Um aber auf die Hochhäuser zurückzukommen: Wespen bauen tatsächlich viel moderner, vor allem weit besser ,,klimatisiert". Die übereinanderliegenden Zellenstockwerke etwa der ,,Mittleren Wespe", deren Völker aus etwa 500 Arbeiterinnen bestehen, oder gar eines riesigen Hornissennestes berühren einander nicht, sondern sind durch weite Zwischenräume, Luftetagen sozusagen, voneinander getrennt. Ausreichend starke, aber dennoch schlanke Papierpfeiler erheben und tragen das jeweils höhere. Dadurch kann im ganzen Bau die Luft frei zirkulieren. Doch das allein würde nicht ausreichen, um eine Überhitzung der Brutzellen an heißen Sommertagen, zum Beispiel unter hohen Dachfirsten, wo man diese Nester finden kann, zu verhindern. Alle Etagen sind zusätzlich noch von mehreren, locker übereinanderliegenden und durch ihre Luftzwischenräume fast wie eine Thermosflasche wärmeisolierenden Papierwänden umhüllt, worin für eine stete Luftzirkulation im Inneren erforderliche Öffnungen keineswegs etwa vergessen sind!

An besonders heißen Tagen würde diese Luftzirkulation allein jedoch nicht ausreichen. Wenn – gar während einer langanhaltenden Hitzeperiode – die Temperatur bedrohlich ansteigt, tragen die Wespen in ihrem Magen Wasser herbei und spucken es auf die flachen Etagendächer. Deren poröse Papiermasse saugt sich rasch voll Feuchtigkeit. Und dann geschieht eigentlich erst das Erstaunlichste. Als wüßten sie genau Bescheid über die physikalischen Vorgänge beim Verdunsten, beginnen die Tiere im Sitzen mit ihren Flügeln zu schwirren und dadurch, gleich lebendigen Ventilatoren, einen Luftstrom zu erzeugen. Er streicht zwischen den Tragepfeilern hindurch, beschleunigt die Verdunstung des eingetragenen Wassers, und die dabei entstehende Verdunstungskälte senkt die Temperatur des Nestes bis weit unter die Außentemperatur! Unsere Bienen beherrschen die gleiche Kältetechnik so meisterhaft, daß sie – dank ihres sehr feinen Temperatursinnes – selbst über längere Zeit eine stets gleichbleibende Kühle erzeugen können.

Einen ganz anderen „Trick" wendet die Viergürtlige Schmalbiene an, die nicht in „Staaten" mit ihresgleichen zusammenlebt, sondern wie die Mörtelbiene eine „Einsiedlerbiene" ist. Sie legt ihre Brutnester in der Erde an, indem sie zunächst einmal bis zu 24 traubenförmig dicht beieinanderliegende waagerechte Zellen ausnagt. Dann räumt sie die Erde um diese „Traube" fort, die jetzt frei von der Decke der unterirdischen Höhle herabhängt – zusätzlich von einigen wenigen schmalen Erdstrebepfeilern gestützt. So werden nicht nur Schmarotzer mit mehr oder weniger großem Erfolg ferngehalten von der Brut, vor allem herrscht, dank des isolierenden Lufthohlraumes, eine stets nahezu gleichbleibende Temperatur und Luftfeuchtigkeit, ideale Bedingungen mithin für die Entwicklung der jungen Larven. Ganz unabhängig von den Wespen hat also, wenn man so will, auch die kleine, unscheinbare, nur wenig mehr als einen Zentimeter lange Schmalbiene das Prinzip der Thermosflasche „erfunden".

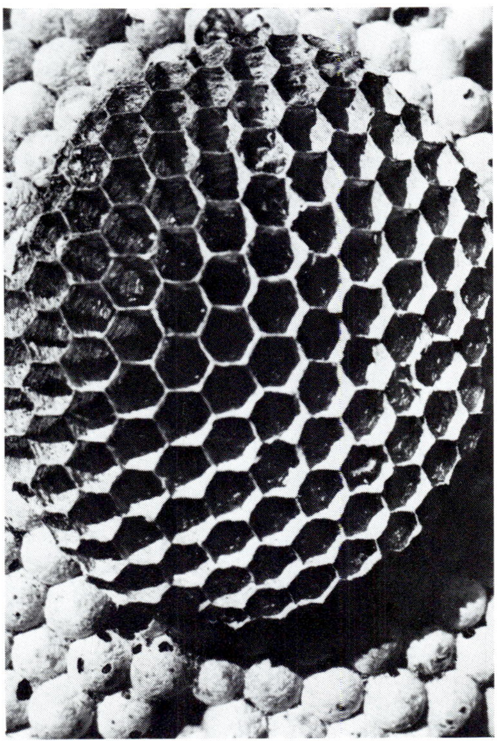

Blick von unten auf die offenen (Mitte) und bereits gedeckelten Papierzellen einer Wespenwabe.

Das Nest der Feldwespe besteht meist nur aus einer einzigen Wabe, die ohne Hülle mit schräg abwärts geneigten Papierzellen mit einem Stielchen an einem Zweig, Halm oder auch Stein befestigt ist.

Wenn man bedenkt, wie viele verschiedene Verhaltensweisen und Fertigkeiten der Tiere jeweils einander ergänzend zusammenpassen müssen, damit ihre „Kühlhaustechnik“ funktioniert, kommt man aus dem Staunen nicht mehr heraus.

Machen wir uns die Sache einfach und denken wir allein an die Wespen. Da sind die Kiefer, die das Holz zerraspeln, der Speichel mit eigens darauf abgestimmten Wirkstoffen, die es chemisch umwandeln zu Papierbrei, die unbegreifliche Fähigkeit, aus diesem Brei mathematisch exakt sechsseitige Zellen von genau gleicher Größe zu formen und sie in „Etagen“ durch Stützpfeiler getrennt anzuordnen sowie mit einer isolierenden Hülle zu umgeben, der Magen, um das Wasser aufzunehmen samt dem Instinkt, es zur rechten Zeit herbeizutragen, auszuspucken und als lebender Ventilator den verdunstungsfördernden Luftstrom zu erzeugen! Nichts fehlt – auch nicht das wärmeempfindende Organ, das zur rechten Zeit wie ein Alarmwecker die so intelligent anmutende Kette von Handlungen in Gang setzt. Ein hochintelligenter Ingenieur hätte dies alles nicht besser erfinden und organisieren können. Doch eine Wespe mit ihrem kaum stecknadelkopfgroßen Gehirn besitzt nicht einmal eine Spur von Intelligenz!

Wie schrieb doch Sir Francis Bacon vor etwa 370 Jahren: „Unter die normale Temperatur der Umgebung herunterzugehen, das ist ein unnatürlicher Vorgang. Ihn zu verstehen, bedarf es eines gründlich geschulten Geistes, ihn zu verwirklichen, eines wissenschaftlich genau arbeitenden Verstandes, ihn zu meistern mehr als der Phantasie eines kühnen Versuchskünstlers.“

Immerhin, unsere gewöhnlichen, oft so lästigen Wespen bringen eben dieses Kunststück fertig – ohne gründlich geschulten Geist und einen wissenschaftlich genau arbeitenden Verstand, ganz zu schweigen etwa von der Phantasie eines kühnen Versuchskünstlers! Ein Grund mehr für uns, etwas bescheidener zu sein! Schließlich haben wir klugen Menschen ja einige Jahrhunderttausende gebraucht, um endlich zu „erfinden“, was die Wespen und Bienen schon „konnten“, lange bevor es überhaupt Menschen auf dieser Erde gab.

Oben: So schafft die Viergürtlige Schmalbiene den „Abraum“ aus ihrer Bruthöhle. Mit der Hinterleibsspitze schiebt sie jedes einzelne Erdkrümchen nach oben!

Unten: Kiefer einer Wespe. Mit den spitzen „Zähnchen“ beider Kieferhälften wird das Holz abgeraspelt, aus dem die Wespe „Papier“ für ihre Waben fertigt.

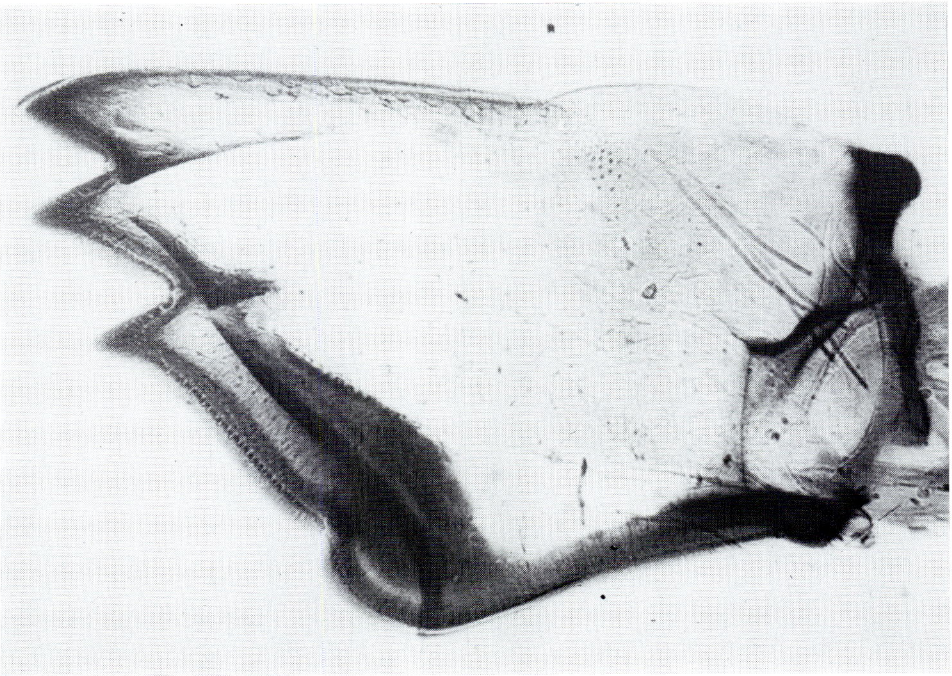

Von den „Tricks“ der Unsichtbaren

Es läßt sich wirklich schwer sagen, wer von den beiden nun eigentlich am meisten erschrak: der ahnungslose Sonntagsspaziergänger, der, ganz gewiß an nichts Böses denkend, den sonnigen Feldrain entlangschlenderte, oder der junge Hase, der da so ganz und gar unerwartet aus dem dürren Gras in die Höhe sprang und hakenschlagend das Weite suchte. Eines ist indes sicher: Das Herz klopfte einem jeden von ihnen spürbar am Hals! Dem einen aus schierem Entsetzen vor dem unbekannten Riesen, dessen übergroßer Schatten ihn bereits streifte, dem anderen vor Schrecken über das raschelnde, flinke Etwas, das da so ungestüm vor ihm aufsprang, so nah, daß er ums Haar daraufgetreten wäre!

Zu sehen war rein gar nichts, denn das krause Hasenfell gleicht durch seine falbbraune Färbung dem dürren Gras buchstäblich so „aufs Haar“, daß sich der geschmeidige kleine Körper kaum vor diesem Hintergrund abhebt. Nicht einmal die langen Ohren lugen verräterisch über die Halme hinaus, denn das Hasenjunge hat sie rechtzeitig dicht seinem Kopf angelegt, als ihm der Wind die erste Witterung des Fremden in die feine Nase trieb. Wäre es nicht aufgesprungen, hätte es sich nicht verraten! Aber es liegt nun einmal in seiner Natur, der es nicht widerstehen kann, jählings aufzuspringen und überstürzt die Flucht, das „Hasenpanier“ zu ergreifen, sobald sich ihm ein Feind bis auf eine ganz bestimmte Entfernung genähert hat. Wie eine unsichtbare Grenze umgibt diese „Fluchtdistanz“ das wehrlose Tier. Alles Ungewohnte, möglicherweise Gefahrbringende löst sozusagen automatisch diese rettende Flucht aus, wenn es jene unsichtbare Linie überschreitet. Verblüffenderweise ist sie so exakt bemessen, daß dem Fliehenden in der Regel ein ausreichender Vorsprung garantiert wird. Allerdings: Überstürzt oder gar kopflos darf man diese Flucht wirklich nicht nennen, denn genauer betrachtet steckt nicht wenig „System“ dahinter. Selbst Junghasen, die doch noch nie Gelegenheit hatten, von erfahrenen, älteren Artgenossen etwas zu lernen, beherrschen die Kunst des Irreführens eines Verfolgers schlechthin meisterhaft. Das gesamte raffinierte Verhaltensrepertoir ist ihnen angeboren! Nicht allein, daß sie ihre verräterische Witterung verwischen, indem sie auf der eigenen Spur wieder ein Stück zurückjagen – sie hetzen gar in kühnen Zickzacksprüngen über Wassergräben hin und her, um den Verfolger, sei es Fuchs oder Hund, vollends zu verwirren. Kommt er ihnen dennoch gefährlich nahe, schlagen sie blitzschnell vor

Oben: Reglos duckt sich der scheue Junghase ins dürre Gras. Seine falbbraune Fellfarbe tarnt ihn vorzüglich.

Unten: Durch seine helldunkle Streifung wird auch der Körper des Frischlings optisch aufgelöst. Vor dem Hintergrund des Waldbodens, der im Frühjahr durch die Schatten der noch kahlen Baumäste ebenfalls gestreift erscheint, fällt er nicht auf.

dem bereits gierig geöffneten Rachen ihren berühmten Haken – und der Gefoppte schießt über das erhoffte Ziel hinaus in der alten, nun aber falschen Richtung weiter! Ja, die Hasenkinder sind bereits kurz nach ihrer Geburt so selbständig, daß die Häsin sie an einem geschützten Platz, am besten in einer Bodenvertiefung zwischen dürrem Gras, ganz sich selbst überlassen kann. Solange sie dort reglos sitzen bleiben, sind sie dank der vorzüglichen Tarnfarbe ihres Felles nicht einmal von den sprichwörtlich scharfen Augen der Raubvögel oder stets hungrigen Krähen auszumachen. Nur hin und wieder erlaubt sich die Häsin einen eiligen Besuch bei ihrem Kind, damit sie nicht Feinde auf die Spur dieser so leicht zu schlagenden Beute aufmerksam macht. Tatsächlich kann sie sich lange, ja oft sogar tagelange Pausen zwischen diesen Besuchen in ihrer versteckten Kinderstube leisten. Ihre Milch, mit 24 Prozent Fettgehalt mehr als dreimal so nahrhaft wie selbst Kondensmilch und eigentlich mehr eine „Hasensahne", sättigt die Kleinen anhaltend – sozusagen vorsorgend für den erst zu erwartenden Hunger!

Hasen sind beileibe nicht die einzigen Tarnungskünstler in der heimischen Tierwelt. Bei den Rebhühnern, die auf dem Boden brüten, ist schon das Gelege durch die olivbraune Farbe der Eischalen vor dem Hintergrund des kunstlosen Nestes so unauffällig, daß man seiner – wenn überhaupt! – erst bei unmittelbarem Davorstehen gewahr wird. Das Daunenkleid der Küken trägt die Farbe sandigen Erdbodens. Und doch würden sich die rundlichen Federbällchen selbst vom gleichfarbigen Untergrund deutlich abheben, wären sie nicht durch dunklere, dichte Fleckenreihen längsgestreift. Da die Küken bei Gefahr unter allerlei Gestrüpp, Binsenhalmen und hohem Gras Deckung suchen, dort also, wo der Boden durch die Schatten der Zweige und Halme ebenfalls gestreift erscheint, wird ihr kleiner Körper gewissermaßen optisch „aufgelöst" und ist nicht mehr von seiner Umgebung zu unterscheiden. Allerdings: Geböte ihnen ihr ererbter, unfehlbarer Instinkt nicht auch, reglos niedergekauert liegenzubleiben, wäre die ganze Tarnfärbung sinnlos. Ein aufgeschreckt davonlaufendes Küken müßte trotz seiner Streifung jedem Raubvogel auffallen! Erstaunlicherweise wenden keineswegs nur Vögel diesen „Trick" mit dem körperauflösenden Streifenmuster an. Vor dem helldunkel gestreiften Hintergrund eines Bambusdickichts müßte der massige Körper eines Tigers seinen Beutetieren, die er beschleicht oder denen er reglos auflauert, schon von weitem auffallen, würde er nicht durch sein gestreiftes Fell so unterteilt, daß er – optisch – regelrecht verschwindet. Auch die Frischlinge unserer Wildschweine sind ja hell-dunkel gestreift. Da sie sehr zeitig im Frühjahr zur Welt kommen, lange bevor der Wald sich belaubt, so daß die Sonne noch ein verwirrendes Muster von hellen Flecken und dunklen, schmalen Astschatten auf seinen Boden zeichnet, sind sie kaum zu sehen, solange sie sich nur ruhig verhalten. Erst wenn die Frischlinge heranwachsen, verschwinden die Streifen in dem allmählich dunklere Farben annehmenden Borstenfell. Wo der Hintergrund nicht gestreift, sondern eher getupft oder gesprenkelt erscheint, da wirkt auch ein gesprenkeltes Fell oder Federkleid tarnend. Durch diesen Trick der Natur wird das sonst als „Fremdkörper" bereits aus der Ferne leicht er-

Oben: Die dunklen Streifen im Federkleid des Rebhuhnkükens lösen seinen Körper optisch auf und machen ihn praktisch unsichtbar unter schattenwerfenden Halmen.

Rechts oben: Das gerade erst geschlüpfte Möwenjunge ist durch sein getupftes Daunengefieder von oben so gut wie nicht zu sehen.

Rechts: Unter diesen mit Spinnseide zusammengeklebten Halmstücken und Fichtennadeln, die wie ein kleiner Reiserbesen an einem Grashalm hängen, versteckt sich eine Mottenraupe.

kennbare Rehkitz mitten in der blumenübersäten Wiese optisch „aufgelöst". Seine hellen Fellflecken lassen es zwischen all den ebenfalls hellen Blütenköpfchen völlig verschwimmen. Gewiß: Auch beim Rehkitz wäre diese Tarnung sinnlos, würde es sich nicht instinktiv richtig, also reglos verhalten, sobald sich eine Gefahr nähert, und würde seine nicht gefleckte Mutter bei ihm bleiben, statt sich in der Nähe unter Gebüsch zu verbergen!

Die Jungen unserer bodenbrütenden Möwen tragen ein geflecktes Daunenkleid, das sie selbst für Raubvogelaugen mit dem Hintergrund des von hellen und dunkleren Steinchen oder Muschelschalen übersäten Dünensandes verschwimmen läßt. Selbst die Eier dieser Strandvögel werden durch ihre ebenfalls gesprenkelten Schalen so gut wie unauffindbar für hungrige Eierräuber aller Art. Wie leicht man sogar einen ausgewachsenen Bussard durch sein geflecktes Federkleid übersieht, wenn er, bewegungslos nach Beute spähend, irgendwo vor dem „gesprenkelten" Hintergrund einer Baumkrone auf seinem Ast hockt – wer hätte das noch nicht selbst erlebt? Die Reihe dieser Beispiele ließe sich mühelos fortsetzen – über die grün-weiß längsgestreiften Raupen, die auf den schmalen Astruten des Besenginsters schmarotzen, oder die fallaubfarbenen Unterseiten vieler Schmetterlingsflügel, bis hin zu jenen „Baukünstlern", die sich erst durch ihre eigene, instinktiv richtige Tätigkeit unsichtbar machen. So kleben die Raupen der Sackträgermotte Sandkörner, Stückchen dürrer Halme oder Fichtennadeln zu einer verbergenden, unauffälligen Hülle für ihren so leicht verletzlichen Körper zusammen. Sie tun das nicht nur am richtigen Ort, also da, wo derartige Gebilde weder durch ihre Farbe noch etwa durch ihre ungewöhnliche Form auffallen können – sie besitzen auch alles erforderliche Rüstzeug für ihre so zielgerichtet wirkende Arbeit: Drüsen, die Klebstoff in Form flüssiger, an der Luft rasch erhärtender Spinnseide absondern. Eine Art vortrefflich getarnten „Panzerwagen" gar haben die Larven der Köcherfliegen erfunden – einen friedlichen freilich, der lediglich dem Schutz seines weichhäutigen Insassen dient. Sie kleben Sandkörner vom Grund des Gewässers, in dem sie leben, zu einer zierlichen Röhre zusammen. Nur der gepanzerte Kopf schaut hervor – und die Beine, wenn die Tiere sich langsam mit ihrer tarnenden Last fortbewegen.

Eine solche Köcherfliegenlarve aus ihrem Panzer, dem Köcher, herauszuziehen, will keineswegs einfach gelingen – oft nicht einmal mit sanfter Gewalt. Mit ihren „Nachschiebern", verstümmelten Beinen vergleichbaren Organen am letzten Körperring ihres langgestreckten Leibes, oder mit besonderen Zapfen, die am ersten Hinterleibsring offenbar eigens nur zu diesem Zweck

Oben: Im Spiel von Licht und Schattenflecken übersieht man die gesprenkelten Eier der Strandvögel, die sie auf dem Boden ausbrüten.

Unten: Köcherfliegenlarven auf dem Grund ihres Gewässers. Nur die Köpfe und Beine schauen aus den „Köchern" heraus, die sie sich aus zusammengeklebten Sandkörnern verfertigt haben.

hervorstehen, kann sich das Tierchen von innen an seinem Gehäuse unglaublich festhalten. Es verpuppt sich übrigens auch unter dieser schützenden Hülle, die es zuvor rechtzeitig an einem Pflanzenstengel oder in einem geeigneten Versteck unter Wasser mit Spinnseidenfäden anheftet. Wiederum zur rechten Zeit verläßt die noch durch Kiemen wasseratmende Puppe den Köcher, schwimmt zur Wasseroberfläche oder kriecht eine kurze Strecke aufs trockene Ufer hinauf. Erst dort, keine Minute zu früh, schlüpft das fertig entwickelte Insekt, das andernfalls als luftatmende „Wassermotte" ersticken müßte!

Nein, nirgends scheint es da irgendeinen Fehler zu geben. Offensichtlich ist die lebendige Schöpfung stets vollkommen. Wie sollte sich auch nur ein Häschen in dieser Welt voller Feinde behaupten können, ohne daß all seine Körpermerkmale und instinktiven Verhaltensweisen geradezu minuziös zusammenpassen: seine Fellfarbe mit der passenden Haarstruktur, die so täuschend dürres Gras nachahmt, seine vielfältigen Instinkte – von der richtigen Fluchtdistanz bis zu all den vielen Tricks, einen Verfolger irrezuleiten –, die Pflegeinstinkte der Hasenmutter und ihre Spezial-„Hasensahne", das superfeine Gehör wie die vortreffliche Nase, ohne die ein näherkommender Feind ja gar nicht bemerkt würde, die überlangen Laufbeine und noch so vieles, was hier beim besten Willen nicht alles aufgezählt werden kann!

Sicher: Es ist durchaus kein Wunder, daß die unerbittliche Auslese im Daseinskampf eben allein die „Vollkommenen" überleben läßt. Nur dürfen wir auch hier wiederum nicht vergessen, daß diese schlechthin Vollkommenen ja schließlich erst einmal da sein müssen, um dieser Auslese entgehen zu können.

Vorsicht, Falle!

Das kaum bleistiftstarke Loch zwischen Wurzelfäserchen und spärlichen Grashalmen in der Wegböschung würde wohl schwerlich irgendein Vorübergehender entdecken, verriete es sich nicht durch eine kleine „Abraumhalde" aus hellem Sand, die sich darunter angehäuft hat. Das sieht ganz nach Arbeit aus – Bergmannsarbeit sozusagen! Und in der Tat: Wer sich nur ruhig genug verhält und geduldig abwartet, bekommt diesen „Bergmann" auch zu Gesicht.

Zuerst erscheint ein schwarzer Kopf mit kräftigen Fühlern und drohenden Kieferzangen in der Stollenöffnung. Auffallend große Augen scheinen aufmerksam die Umgebung zu mustern, und schon die geringste Bewegung des Beobachters läßt das Tier wieder in der dunklen Geborgenheit seiner Erdwohnung verschwinden. Dann dauert es freilich wieder eine kleine Weile, bis es sich erneut ans Licht wagt und schließlich ganz auf den hellen Sandberg hinauskrabbelt – ein etwa bienengroßes Insekt, behaart wie eine Hummel, hellgrau an der Brust, am übrigen Körper dagegen tiefschwarz. Besonders lange Haare lassen die mächtigen Hinterbeine zu regelrechten Bürsten werden, die über und über mit gelbem Blütenstaub bedeckt sind, wenn die „Erdbiene" (Andrena) von ihrem Ausflug wieder zurückkehrt.

Wem es gelänge – allerdings mit viel Geschick und noch weit mehr Beharrlichkeit –, den Erdbau vorsichtig freizulegen, der entdeckte am Ende des zehn bis dreißig Zentimeter schräg in den Sandboden hineinführenden Stollens, der sich dort unten oft noch verzweigt, mehrere rundliche Höhlungen. Es sind die Nestzellen, in die die Erdbiene so emsig Blütenstaub einträgt, bevor sie auf diesem Nahrungsvorrat ein Ei ablegt, um zuletzt jede einzelne Zelle durch einen kleinen Deckel aus verkittetem Sand sorgsam zu verschließen. Wohlgeborgen in ihren Nistkammern, mit Futter reichlich versorgt, können die aus den Eiern schlüpfenden Larven heranwachsen, sich häuten und schließlich verpuppen.

Auch die Viergürtlige Schmalbiene sorgt ja auf ähnliche Weise für ihre Nachkommen, nur daß sie Blütenstaub und Nektar in eine Wabentraube einträgt, die senkrecht in einer Erdkammer hängt. Immer wieder entdecken wir verschiedene Wege, auf denen schließlich das gleiche Ziel erreicht wird!

Die jungen Erdbienen haben, wenn sie ihre finsteren „Kinderstuben" eines Tages verlassen, ihre Mutter nie gesehen und daher auch nichts von ihr lernen, ihr nichts abgucken können. Dennoch beherrschen sie die Kunst des Stollenbaues ohne jede Übung ebenso vollkommen, und keine vergißt, eine genau ausreichende Menge Blütenstaub vor der Eiablage einzutragen.

Auch wenn die männlichen Erdbienen etwas zeitiger schlüpfen als die weiblichen, passiert es oft, daß ihnen der Wind plötzlich den unverwechselbaren Lockduft der Weibchen ihrer Art zuträgt. Ihre Fühler, die Organe des Geruchssinnes, registrieren bereits erstaunlich geringe Spuren dieses Duftes, auf den sie gewissermaßen geeicht sind. Suchend streben die Bienenmännchen der Duftquelle entgegen, bis endlich ihre großen Augen den unverkennbaren Umriß des Weibchens, das offenbar auf einer Blüte sitzt, erspähen.

Doch was sie da im Gras des trockenen Wiesenhanges halb versteckt vorfinden, ist tatsächlich nichts als eine Attrappe. Das Mittelteil der Orchideenblüte – denn es handelt sich um eine ,,Hummelorchis" –, das sogenannte Labellum, ahmt nicht nur Gestalt und Färbung des Insektenkörpers täuschend nach, sondern deutet durch schmälere Seitenzipfel auch die darüber zusammengefalteten Flügel an. Ja, bei einer anderen Art, der ,,Fliegenorchis", trägt dieses Labellum genau an der Stelle, wo beim echten Insekt – diesmal einer Fliegenart – durch die übereinandergelegten Flügel ein das Licht reflektierender Spiegelfleck entsteht, eine helle Fleckenzeichnung.

Aber damit keineswegs etwa genug! Duft und Gestalt allein scheinen der Hummelorchideenblüte offenbar noch nicht ausreichend, um das Erdbienenmännchen vollkommen zu täuschen! Dieses gefoppte, irregeleitete Insektenmännchen darf auch dann, wenn es dieses vermeintliche Weibchen zielsicher angesteuert hat und auf seinem breiten Rücken landet, noch nicht merken, daß es betrogen wurde. Sitzen doch auf dem Labellum zahlreiche haarähnliche Fortsätze, deren ,,Strich" sogar dem der echten Insektenhaare gleicht, so daß nicht allein der Duft dieser ,,raffinierten" Täuschblüte dem eines bestimmten Insektenweibchens entspricht, ihre Größe, Gestalt und Färbung, sondern auch die Berührungsreize, die das Männchen beim Niedersitzen wahrnimmt.

Schon der große Botaniker Linné stellte im Jahr 1745 fest, die Blüten der Fliegenorchis sähen echten Fliegen derart ähnlich, daß Uneingeweihte annehmen müßten, es säßen wirklich Fliegen auf diesem Pflanzenstengel, ,,denn selbst ein Künstler hätte Fliegen nicht besser imitieren können".

Aber welcher Sinn steckt hinter diesem Aufwand an Täuschung? Noch hundert Jahre nach Linné meinte ein anderer Botaniker, diese Orchideen wollten durch ihre Attrappen den Eindruck erwecken, ihre Blüten seien schon ,,besetzt", um Insekten von ihnen fernzuhalten, da sie als Selbstbestäuber für die Übertragung ihres Blütenstaubes keine fremden Helfer benötigten.

Aber gibt es nicht zahlreiche Pflanzenarten, die keineswegs auf eine Bestäubung durch Insekten angewiesen sind und es dennoch nicht nötig haben,

Oben: Die Erdbiene Andrena beim Verlassen ihres Stollens. 30 cm tief im Sandboden verzweigt er sich in mehrere Brutzellen.

Unten: Blüte der Bienenorchis. Da sie sich selbst bestäubt, ist der gesamte Aufwand, die ,,Nachahmung" einer Biene, ohne Bedeutung!

sich diese ungebetenen Gäste durch einen ähnlichen Trick vom Leibe zu halten? Erst in der zweiten Hälfte unseres Jahrhunderts brachten geduldige Beobachtungen und ausgeklügelte Experimente mit den unterschiedlichsten Attrappen die Lösung des Rätsels. Es ist in der Tat so, daß die Hummelorchis, die Fliegenorchis oder die Bienenorchis in ihren Blüten die Weibchen einer ganz bestimmten Insektenart nachahmen, ihren spezifischen Lockduft ausströmen und dadurch die Männchen dieser Arten anlocken. Sobald aber der Kopf des suchenden Männchens sich dem der Weibchenattrappe nähert, berührt seine Stirn zwei winzige, klebrige Saugnäpfe, die sofort zwischen den Augen haftenbleiben. Beim Start des getäuschten Hochzeiters vom Labellum wird aus zwei vor Feuchtigkeit schützenden Fächern herausgerissen, was an diesen Saugnäpfen sitzt: jeweils ein ganzer Ballen Blütenstaubkörner auf dünnem, durchscheinendem Stielchen. Wie Miniaturkeulen sehen sie aus, diese „Pollinien" – oder wie winzige Hörner, die aus der Insektenstirn hervorragen. Auch für den getäuschten, den „gehörnten" Liebhaber gibt es in der lebendigen Natur also ein echtes Vorbild.

Daß das gefoppte Insekt aus dem Schaden keineswegs klug wird und lernt, die Weibchenattrappen fürderhin zu meiden, ist eine wichtige Voraussetzung dafür, daß die Orchideen ihr Ziel erreichen. Fielen nämlich die Tiere nicht unmittelbar, nachdem ihnen die erste Blüte buchstäblich „die Hörner aufgesetzt hat", auf die falschen Weibchensignale einer zweiten abermals herein, wie sollte dann eine Bestäubung erfolgen? So aber berührt ihre Stirn wieder den „Kopf" einer Weibchenattrappe – und wiederum sind alle Proportionen so richtig bemessen, daß dabei die Blütenstaubballen an der Narbe abgestreift werden müssen.

Wollte man einem Mathematiker die Aufgabe stellen, einmal auszurechnen, wie groß die Wahrscheinlichkeit dafür ist, daß alles, was hier so sinnreich zusammenpaßt und aufeinander abgestimmt, einander zugeordnet erscheint, lediglich durch ein sinnleeres Zufallsspiel entstehen konnte, durch ziellose Erbänderungen und brutale Auslese im Kampf ums Dasein, er müßte schon recht bald resignieren. Selbst ein hochmoderner Computer versagte vor diesem Problem, könnte man ihn doch nicht einmal richtig mit den erforderlichen Daten „füttern", da viel zu viele Unbekannte diese Rechnung belasten.

Man denke nur an alle Formen und Proportionen, die jeweils stimmen müssen, an die Farben oder die Behaarung im richtigen „Strich", an den Weibchenduft der Blüten sowie die Tatsache, daß auch die Pollinien am rechten Ort sitzen, ausgestattet mit einem funktionsfähigen Klebemechanismus. Aber all das stellt ja gewissermaßen erst die eine Seite des Zusammenspiels dar. Auch das Insekt, ob Hummel, Erdbiene, Fliege oder Biene muß ja so organisiert sein, daß es erfolgreich mitspielen kann. Seine Sinnesorgane, seine Instinkte müssen vollkommen auf die besonderen Merkmale des Pseudo-Weibchens Orchideenblüte abgestimmt sein – und es darf aus seinen Mißerfolgen keinesfalls lernen.

Links oben: Die Blüte der Hummelorchis ahmt in Größe, Farbmusterung, Duft und der Beschaffenheit ihrer Oberfläche eine weibliche Hummel nach. In den beiden keulenförmigen Gebilden über ihrem „Kopf" sitzen die Pollinien, die mit ihren glänzenden Haftscheiben auf der Stirn des blütenbesuchenden Insekts klebenbleiben.

Oben: Auch mit der Spitze eines Bleistifts läßt sich der Mechanismus in der Hummelorchisblüte auslösen, der dem Hummelmännchen die „Pollinien" auf die Stirn setzt. Hier haftet ein solches Pollinium, eine gestielte Pollenmasse, mit ihrer Haftscheibe an der schwarzen Bleistiftspitze.

Links: Eine Blüte der Fliegenorchis. Die Nachahmung der Fliege, besonders auch durch den Spiegelfleck, ist derart vollkommen, daß man glaubt, es sitze tatsächlich eine Fliege an der Pflanze!

Drängt sich angesichts dieser vielfach ineinander verschlungenen, sich wechselseitig voraussetzenden Zusammenhänge nicht unwillkürlich die Erkenntnis auf, die der berühmte Biologe und Nobelpreisträger Karl von Frisch im Hinblick auf derartige Einrichtungen der lebendigen Schöpfung in die Worte faßte „daß an Zufälligkeiten nicht zu denken und an dem biologischen Sinn nicht zu zweifeln ist"? Nein, allein durch Zufall können derartige Ordnungsgefüge nicht entstanden sein. Braucht doch zum Beispiel die Bienenorchis gar keine Insektenhilfe, da sie sich – wenigstens in unseren Breiten – selbst bestäubt. Ihre Pollinien senken sich, sobald sie reif sind, auf die eigene Narbe herab und bedecken sie mit Blütenstaub. Der gesamte Aufwand dieser Blüte, alle ihre seltsamen Attrappeneigenschaften vom Duft bis zur goldgelben „Bienenbehaarung" sind demnach höchst überflüssig, besitzen also im Kampf ums Dasein überhaupt keinen Auslesewert. Aber sie sind nun einmal unleugbar vorhanden und wären mindestens ebenso geeignet, Charles Darwin „krank zu machen" wie die Augenmuster in den Schwanzfedern eines balzenden Pfauenhahns!

Dabei war es kein Geringerer als Darwin selbst, der in seinem Hauptwerk über die Entstehung der Arten jenes unbegreifliche „Gewebe verwickelter Beziehungen" am Beispiel einer tropischen Orchideenblüte beschreibt. Ihre Unterlippe ist ausgehöhlt und fängt, einer Miniaturbadewanne vergleichbar, nahezu reines Wasser auf, das von zwei höhergelegenen Hörnern wie von Wasserhähnen ununterbrochen herabtropft. Auf einer Seite befindet sich ein „Ausguß", durch den das Wasser abfließen kann, sobald das seltsame Gefäß etwa zur Hälfte gefüllt ist. Der untere Wannenrand wölbt sich hoch über die Wasseroberfläche und ist innen von sonderbaren fleischigen Leisten bedeckt. „Der klügste Mensch", schrieb Darwin 1859, „wenn er nicht Zeuge dessen wäre, könnte nicht ausfindig machen, welchem Zweck alle diese Teile dienen." Ein Beobachter hat es ihm jedoch genau beschrieben. Es sind große Hummeln, die nicht nach Nektar suchen, sondern die Orchideenblüte anfliegen, um die erwähnten fleischigen Leisten abzunagen. Dabei entsteht oft ein derartiges Gedränge, daß immer wieder einzelne Tiere in die „Badewanne" hinabgestoßen werden. In ihrem völlig durchnäßten Zustand mit am Körper klebenden Flügeln können sie nicht auffliegen, sondern müssen alle ohne Ausnahme durch die vom Ausguß gebildete Öffnung kriechen, besser gesagt, sich hindurchzwängen, denn er ist eng und „von Säulen getragen überdacht". Da Narbe und Staubbeutel genau an den richtigen Stellen dieser engen Passage stehen, streift jede flüchtende Hummel ihren Rücken zuerst an der Narbe ab und danach an den Staubbeuteln, wobei klebriger Blütenstaub an ihrem nassen Pelzhaar hängenbleibt. Weil sich das gleiche Spiel beim Be-

Denkmal Darwins im Naturhistorischen Museum London. Der ehemalige Baccalaureus der Theologie, der einmal sagte, die Werke seines Theologieprofessors Paley hätten ihn „mit so viel Entzücken wie Euklid erfüllt", litt zeitlebens unter seinem Abfall vom Glauben. Sein Biograph Clark schrieb über ihn: „Sein Leben war ein großer Versuch, Paley zu entkommen, der Kirche zu entkommen, Gott zu entkommen."

such der nächsten Blüte wiederholt, muß dieser Blütenstaub ganz präzise auf ihre Narbe abgebürstet werden. Damit aber ist die Fremdbestäubung vollzogen, und die dienstbare Hummel wird, wohl versehen mit einer neuen Last Blütenstaub, wieder in die Freiheit entlassen!

Wenn er daran denke, soll Darwin einmal gesagt haben, wie kompliziert ein menschliches Auge gebaut ist, bekäme er geradezu Fieber, denn wie wolle man etwas derart Vollkommenes nur durch Zufallsentwicklung und Auslese erklären? Aber im Grunde genommen gilt ja ganz das gleiche für jedes Organ aller Lebewesen, und der hochkomplexe Bestäubungsmechanismus dieser tropischen Orchideenblüte hätte eigentlich ein geradezu tödliches „Fieber" auslösen müssen – eine endgültige Abkehr von der Zufallstheorie. Genauso argumentierte auch Darwins intimer Freund, der Herzog von Argyle, als er kurz vor seinem Tod noch einmal mit ihm darüber sprach. Aber Darwin hatte sich nun ein für allemal gegen jeden Sinn, wider alle Vernunft in der Natur entschieden, er konnte nicht mehr zurück – nicht einmal mehr als Sterbender. „Ich werde niemals Darwins Antwort vergessen", schrieb der Herzog. „Er sah mich durchdringend an und sagte: ‚Nun, das überkommt mich oft mit übermächtiger Gewalt, aber dann wieder', er schüttelte leise den Kopf und fügte hinzu, ‚dann geht es wieder weg.'"

Blattformen –
Zeugen einer lebendigen Gestaltungskraft

Was liegt schon an einem Blatt? Millionen und Abermillionen reißt der Herbstwind alljährlich von den Ästen, läßt sie sanft schaukelnd zu Boden sinken oder wirbelt sie ungestüm wie verirrte Kreisel und Propeller um sich selbst. Zwischen den kahlen Stämmen im Wald häufen sie sich zu Bergen und rascheln vor Dürre unter unseren Füßen. Wer mag sich schon Gedanken darüber machen?

Und doch: sie verdienten es, daß unser Schritt einen Augenblick verharrt, um dem Auge Zeit zu lassen zum Vergleich. Nicht einmal zwei Blätter wird man ausmachen, die einander völlig gleichen. Weit mehr als hunderttausend von ihnen wirft ein mittelgroßer Laubbaum ab – und kein Blatt gleicht vollkommen einem anderen. Mag man auch so viele aufeinanderlegen, wie Zeit und Laune gestatten, nie findet sich völlige Deckungsgleichheit, obsolute „Kongruenz".

Nicht einmal ihre Masse macht diese Blätter uniform. Sie bringen das Unerhörte fertig, auch in Milliardenzahl noch Individuum, unverwechselbares Eigenwesen zu bleiben. Welcher Künstler könnte so unglaublich viel einander ähnliche, doch niemals gleiche Formen erfinden?

Adolf Portmann spricht von der Freude des Auges, die wir erleben, „wenn wir das einzelne Blatt dem Zweig herauslösen aus seiner Hintergrundsrolle und es eine Weile für sich allein gelten lassen als Form". Wird uns dabei doch diese Fülle der Blattgestalten „das überall gegenwärtige Zeugnis dafür, wie sich in jeder Einzelform die Eigenart der ungezählten Varianten des lebendigen Stoffes darstellt".

Und in der Tat: Daß die Lebewesen aus winzigem Keim heranwachsen, ungeformt zunächst noch, dann aber sich selbst mehr und mehr aufgliedernd, bis schließlich die für jede einzelne Art unverwechselbare Gestalt erreicht wird, das ist vielleicht die rätselhafteste Eigenschaft des Lebendigen überhaupt. Ein Geheimnis nannte Goethe schon die organische Form, denn es gibt nichts im Reich der unbelebten, der anorganischen Natur, was auch nur Spuren einer vergleichbaren gestaltschöpferischen Macht erkennen ließe.

Aber „wachsen" denn nicht auch Kristalle, tote Mineralien? Bilden sie sich nicht beim Auskristallisieren aus ihren Lösungen je nach der chemischen Zusammensetzung als ganz verschiedene, wunderbar regelmäßige, ja oft in herrlichen Farben funkelnde geometrische Körper aus? Aber dennoch ist es falsch, hier von Wachsen in gleicher Wortbedeutung wie beim Pflanzenblatt zu sprechen. Der allmählich größer werdende Kristall verändert seine Zu-

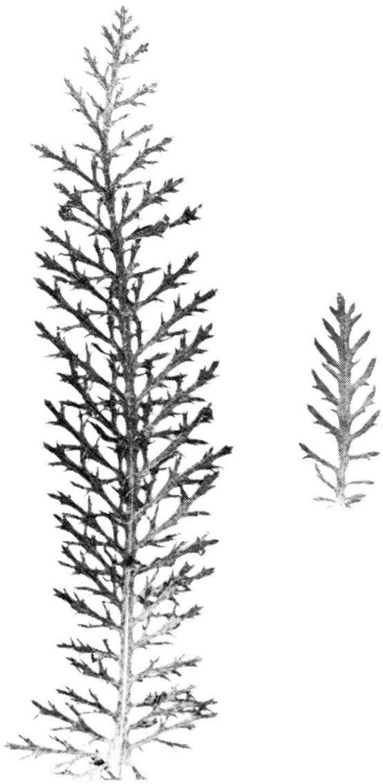

Blätter der gemeinen Schafgarbe (links) und der Moschusschafgarbe. Beide wachsen im Gebirge nebeneinander. Ihre Blattformen sind Selbstzweck und besitzen nur einen „Darstellungswert".

Bergkristall aus den Walliser Alpen. So geometrisch schön seine Form auch ist: nirgendwo in der unbelebten Natur finden wir Gestalten, die sich mit den lebendigen Formen vergleichen ließen.

sammensetzung, seinen Stoff nicht, ja letzten Endes nicht einmal seine Gestalt. Unschwer läßt sich dieses Scheinwachstum etwa eines Kochsalzkristalls unter dem Mikroskop beobachten. Obgleich noch winzig klein, ist er doch von Anfang an bereits ein schlechthin vollkommener, ebenmäßiger Würfel – und er bleibt es, wie groß auch immer er noch werden mag. Ja, wenn man einen solchen großen Kristallwürfel zertrümmert, zerfällt er in zahllose kleine Würfel. In einer Kochsalzlösung lagern sie allseitig wiederum die gleichen chemischen Elemente an, aus denen sie sich zusammensetzen: Chlor und Natrium. Auf Grund ihrer elektrischen Ladung müssen sich diese „Ionen" an ganz bestimmten, entgegengesetzt elektrisch geladenen Stellen des „Kristallgitters" einordnen, und so wächst nun der Kristall allein durch Anlagerung von außen, ohne Stoffwechsel und ohne irgendein Ziel.

Wie völlig anders vollzieht sich das echte Wachstum beim lebendigen Blatt. Es wird ja nicht größer durch Anlagerung von gleicher Materie, sondern entwickelt ständig neue Formen durch Einbau hochkomplizierter organischer Stoffe wie Zellulose und Eiweiß. Sie sind die Produkte eines erstaunlichen Stoffwechsels in der lebenden Pflanzenzelle, die trotz ihrer mikroskopischen Kleinheit fertigbringt, was allen Chemikern der Welt zusammen selbst in den größten und modernsten Laboratorien nicht gelingt: Zucker, Stärke, Fett und Eiweißstoffe mit eingefangener Sonnenenergie allein aus den Mineralien des Bodens, Wasser und dem Kohlendioxid der Luft herzustellen.

Unbegreiflich ist auch, wie es der Pflanze möglich ist, aus diesen Stoffen sinnvolle Gebilde aufzubauen, die eine bestimmte Aufgabe in geradezu idealer Weise zu erfüllen vermögen – Leitungsröhren etwa für die Säfteströme, wachs- und fettreiche Hautgewebe, die ein Austrocknen der Blätter verhindern oder Spaltöffnungen, durch die das Blatt atmet, Wasser verdunstet und Kohlendioxid aus der Luft aufnimmt.

Dreizehn Millionen solcher Spaltöffnungen besitzt ein einziges Blatt der Sonnenblume, und die Schließzellen einer jeden sind technisch derart ausgeklügelt konstruiert, daß sie den Spalt bei Wassermangel hermetisch verschließen, bei reichlichem Wasserangebot jedoch weit öffnen können.

So baut also das heranwachsende Blatt eine Ordnung auf, die keineswegs etwa wie beim Kristall eine notwendige Folge, eine Funktion der chemischen Natur seiner Baustoffe darstellt. Allein schon aus diesem Grund ist das Werden einer Blattgestalt nicht mit den Forschungsmethoden der Chemie zu erklären – sowenig wie die künstlerische Qualität eines Gemäldes etwa aus der chemischen Struktur seiner Farben. Doch dies ist es mitnichten allein, was uns die Physiologie, die Erforschung der Lebensvorgänge mit den Methoden der exakten Naturwissenschaften, Chemie und Physik, niemals enträtseln

Selbst nahe verwandte Arten besitzen oft sehr verschieden gestaltete Blätter, auch wenn sie, wie hier der Eisenhut (links) und das Leberblümchen, auf dem gleichen Standort gedeihen.

kann. Daß nämlich das Wachstum eines Pflanzenblattes – und das gilt für alle Organe und Lebewesen – zu einem von Anfang an bestimmten Zeitpunkt haltmacht, dann nämlich, wenn die artgemäße Endgestalt erreicht ist, das läßt sich grundsätzlich nicht chemisch-physikalisch verstehen. Wir kennen ja keine chemischen oder physikalischen Gesetze, die sozusagen „in die Ferne wirken", auf ein erst in der Zukunft zu verwirklichendes Ziel hin. Auch der sich vergrößernde Kristall kennt ja keinen vorausbestimmten, ein für allemal festgelegten endlichen Haltepunkt. Theoretisch zumindest könnte er bis ins Unendliche weiterwachsen. Welche verborgene, lenkende Kraft diesen Haltepunkt beim lebendigen Organismus zeitlich wie räumlich vorausbestimmt und festlegt, das zu erklären übersteigt die Möglichkeiten aller „exakter" Naturwissenschaften bei weitem.

Ganz ohne Zweifel gibt es unzählige Blattgestalten, die eine „technische" Lebensaufgabe, etwa die Speicherung von Wasser, zu bewältigen haben und die dementsprechend „konstruiert" sind, wie ausführlich in einem späteren Kapitel gezeigt werden soll. Tatsächlich aber wäre bei einer vergleichenden Betrachtung der Blätter unserer meisten Bäume und Sträucher die Frage sinnlos, welchen Zweck es hat, welcher Aufgabe es dient, daß zum Beispiel die Blätter verschiedener Arten von Farnen oder Bäumen so unterschiedlich gestaltet sind, mit glattem oder durch Einbuchtungen gegliedertem, gezähntem oder tief gekerbtem Rand, mit geschlossener oder gar vielfach gefiederter, aufgelockerter Fläche. Da diese Pflanzen oft auf engem Raum dicht nebeneinander gedeihen, unter den gleichen Umweltbedingungen also, bei völlig entsprechenden Feuchtigkeits-, Ernährungs- und Temperaturverhältnissen, können ihre verschiedenen Blattformen keinesfalls etwa als Anpassungen gedeutet werden. Um so unbegreiflicher bleibt dadurch das „Geheimnis Form" jedem Versuch, die Lebewesen sozusagen als Bündel von Anpassungen an ihre Umweltbedingungen zu erklären, als Ergebnis blindwirkender Zufallsmutationen und einer erbarmungslosen Auslese im Kampf ums Dasein, der nur den zufällig Überlegeneren, besser Angepaßten überleben läßt.

Aber sollte denn diese Vielfalt an Formen wirklich überhaupt keine Bedeutung haben? Oder ist die so spielerisch anmutende Fülle der lebendigen Gestalten doch vielleicht ein Selbstzweck, dient, wie Adolf Portmann sagt, jede dieser ungezählten individuellen Blattformen auch einer „Selbstdarstellung" der Pflanze, repräsentiert augenfällig ihren Eigenwert?

Doch hier, wo es um Qualitäten geht, muß unsere Naturwissenschaft die Antwort schuldig bleiben. Mit all ihren raffinierten Analyse- und Meßmethoden vermag sie ja nur das Quantitative zu erfassen und bekommt alles Qualitative niemals in den Griff. Schon das Bemühen darum wäre, so hat es Albert Einstein einmal formuliert, ein Versuch mit unpassenden, mit inadäquaten Mitteln – etwa so, als wolle man eine Beethovensymphonie als Luftdruckkurve darstellen!

Oben: Lebendige „Filigranformen". Von links nach rechts wird bei diesen Blättern verschiedener Farnarten die Blattfläche immer reicher gegliedert.

Unten: Unverwechselbar sind diese Blattgestalten. Ihre besondere Form ist ohne „Zweck", ohne Bedeutung für ihre Funktion. Von links nach rechts: Spitzahorn, Feldahorn, Gemeiner Wermut.

Verwandlungskünstler Pflanzenblatt

Wenn es auch schier zahllose lebendige Formen gibt, deren Bedeutung offenbar nur in ihrem So-Sein gesehen werden kann – spielerische Formenmannigfaltigkeit und ,,zweckdienliche" Gestaltung schließen einander keineswegs aus. Im Gegenteil, das Zweckmäßige ist in der Regel zugleich auch schön, gerade weil es jene ,,Echtheit der Konstruktion" repräsentiert, wie man das ideale Entsprechen von Gestalt und Funktion, von Konstruktion und Leistung genannt hat. Verweilen wir noch ein wenig bei den Blättern, denn viele zeigen diese vollkommene Übereinstimmung besonders eindrucksvoll!

Nein, es muß durchaus nicht das Blatt eines seltenen Baumes oder einer unter Naturschutz stehenden Blume sein – auch recht häufig weit verbreitete, ganz ,,gewöhnliche" Pflanzen, ja selbst sogenannte Unkräuter besitzen mitunter ,,technische" Einrichtungen, die unser Staunen verdienen! So auch das hochwüchsige Gras mit seinen dunkelgrünen, wie zu einem mächtigen Strauß angeordneten Blättern, dem die Botaniker den schwierigen Namen Deschampsia caespitosa gegeben haben.

Es gedeiht mit Vorliebe auf Stellen, wo der Boden immer etwas feucht und arm an Nährstoffen ist, an Wegrändern und unwirtlichen Rainen. Die Kühe mögen es nicht und weiden sorgsam darum herum. Das kann man gut verstehen, braucht man doch nur eines dieser langen, schmalen Grasblätter achtlos durch die Finger gleiten zu lassen. Nur allzu leicht verletzt man sich dabei die Haut wie an einem Miniatursägeblatt, denn genauso fühlt sich seine auffallend, wie Wellblech gerippte Oberfläche an.

Unter dem Mikroskop, bei stärkerer Vergrößerung also, erkennt man auf einem Querschnitt durch das Blatt der Rasenschmiele, wie unser Gras mit seinem bescheideneren deutschen Namen heißt, auch recht schnell die Ursache dieser Sägewirkung. Winzige ,,Zähnchen" sitzen auf den vorspringenden Leisten, scharf zugespitzte Zellen der Blattoberhaut mit Wänden, die durch Einlagerung von Kieselsäure glashart geworden sind. Zwischen seinen stark hervorstehenden Rippen wird das ,,Wellblechblatt" auffallend dünn, so daß sich Ober- und Unterhaut beinahe berühren. Aber gerade im Winkel zwischen jeweils zwei dieser Rippen sind die hellen Zellen der Blattoberhaut mächtig angeschwollen, wie aufgeblasene Luftballons mit besonders dünnen Wänden. Sie verraten uns auch nach genauer Beobachtung das Geheimnis der

Die kleinen Blätter des Mauerpfeffers sind richtige kleine Wassersäcke. In ihrem schleimhaltigen Gewebe speichert das Pflänzchen Wasser, wenn es regnet. Dann übersteht es sogar lange Trockenperioden auf seinem steinigen Wurzelgrund ohne Schaden.

verblüffenden Beweglichkeit aller Rasenschmielenblätter. Hat es nämlich längere Zeit nicht mehr geregnet, wird auch auf dem sonst ständig durchnäßten Boden das lebensnotwendige Wasser knapp, dann verschmälern sich diese Blätter zusehends. Ihre Rippen bewegen sich langsam, aber stetig aufeinander zu, der Raum zwischen ihnen wird enger und enger. So vermag der austrocknende Wind nicht mehr länger in die jetzt nahezu geschlossenen Längsrinnen einzudringen, und da zugleich auch die wasserverdunstende Gesamtoberfläche merklich kleiner geworden ist, kommt das Gras nun mit einem geringen Bruchteil seines normalen Bedarfs aus. Selbst eine länger andauernde Trockenperiode vermag es in dieser „Haltung" schadlos zu überstehen. Hat es dann aber wieder einmal kräftig geregnet, entfalten sich seine Blätter, spreizen ihre Rippen auseinander wie die Falten eines Ziehharmonikabalges.

Wie aber können sich Pflanzenblätter bewegen, wo sie doch keinerlei Muskeln besitzen wie ein Tier?

Der „technische Trick" ist – wie stets in der lebendigen Natur – ebenso genial wie einfach. Die hellen, aufgeblähten Oberhautzellen in den Winkeln zwischen den Rippen geben durch ihre dünne Außenwand sehr rasch Wasser an die bei Hitze trockene Außenluft ab und schrumpfen merklich zusammen. Dabei ziehen sie die Blattrippen immer stärker gegeneinander. Sobald jedoch nach einem kräftigen Regenguß die Luft wieder genügend Feuchtigkeit enthält und der Wassernachfluß aus dem Erdboden gesichert ist, geschieht genau das Umgekehrte. Die Winkelzellen saugen sich voll, werden rund und prall und pressen dabei die Rippen wieder auseinander. Das Blatt entfaltet sich zu seiner vollen Breite.

Gewiß, es könnte auf sehr viel einfachere Weise am lebenserhaltenden Naß gespart werden. Doch auch an den Pflanzenblättern bestätigt sich die Erfahrung, daß die lebendige Schöpfung viele verschiedene Möglichkeiten und Wege gefunden und verwirklicht hat, die zum gleichen Erfolg führen, daß die Mannigfaltigkeit der Gestalten und ihrer Leistungen weit über das hinausgeht, was zur reinen Lebensfristung erforderlich ist!

Die glänzenden Blätter der Stechpalme, des Buchsbaums oder der Mahonie lagern in ihrer Oberhaut wasserundurchlässige fett- und wachsähnliche Stoffe ab und erzielen damit die gleiche Wirkung. Bei anderen Pflanzen schützen sich die Blätter durch einen dichten Haarfilz vor dem Austrocknen. Ihre luftgefüllten und dadurch silberglänzenden Haare reflektieren zudem das Sonnenlicht wie Spiegel und verhindern so gleichzeitig eine Überhitzung des Blattes. Bei unserer Königskerze verzweigen sie sich sogar in mehreren „Stockwerken" übereinander, so daß der austrocknende Wind gar nicht erst bis zur Blattoberhaut vordringen kann, über der wasserdampfgesättigte „windstille Etagen" entstehen. Andere Pflanzen wieder bilden gleich von Anfang an so schmale oder stark zerschlitzte Blätter aus, daß die wasserverdunstende Oberfläche möglichst klein bleibt. Allerdings: Eine Vergrößerung die-

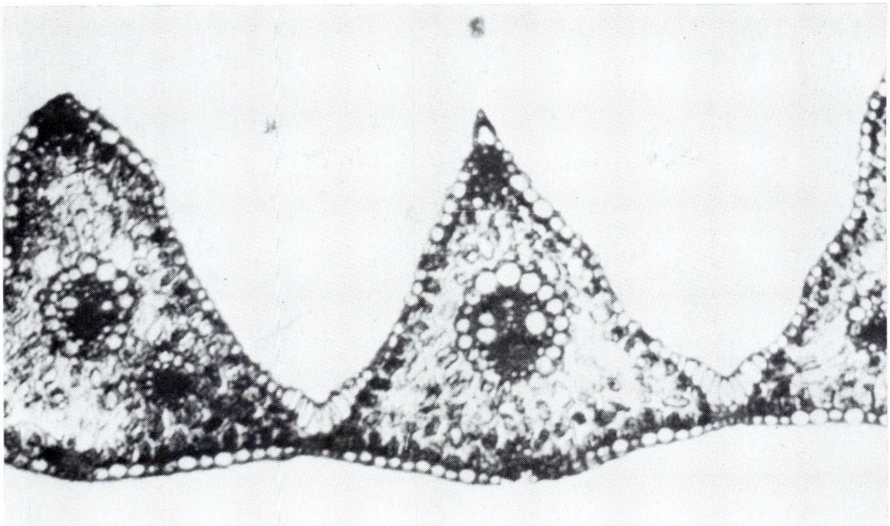

Oben: Der Querschnitt durch ein Blatt der Rasenschmiele läßt unter dem Mikroskop die einzelnen „Rippen“ deutlich erkennen. Ebenso die besonders spitzen Zellen auf ihren Kanten und die hellen, bei Trockenheit schrumpfenden Wasserzellen in den Winkeln zwischen den Rippen.

Unten: Die Blätter der „Lebenden Steine“ speichern nicht nur Wasser, sondern sind auch vorzüglich getarnt. In Gestalt und Farbe gleichen sie den Kieseln, zwischen denen sie wachsen!

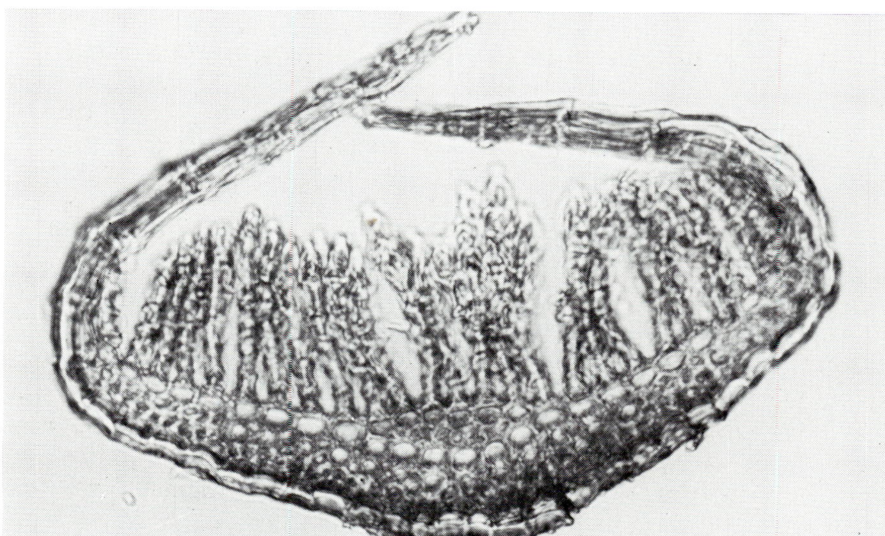

Oben: Die Fangblätter der Venusfliegenfalle hätten jedem Wolfsfangeisen zum Vorbild dienen können! Die beiden Blatthälften an ihrem langen Stiel klappen zusammen, sobald sich ein Insekt darauf niederläßt. Dabei greifen die spitzen Borsten beider Blattränder ineinander und bilden eine Art „Gefängnisgitter".

Unten: Querschnitt durch ein Moosblättchen unter dem Mikroskop. Die Zellsäulchen auf der Blattoberseite werden, wenn trockenes Wetter herrscht, durch die nach innen eingeschlagenen Blattränder bedeckt.

ser Blattoberfläche in Zeiten des Überangebots an Wasser, so wie es der Rasenschmiele möglich ist, bleibt ihnen verwehrt.

Der anspruchslose, gelb oder weiß blühende Mauerpfeffer hat das gleiche Problem wiederum auf andere, nicht minder originelle Weise gelöst. Dort, wo er wächst, auf Mauern und nackten Felshängen, gibt es ja kaum Erdboden, der das Regenwasser auch nur für wenige Stunden aufsaugen könnte. So kommt für das bescheidene Pflänzchen eigentlich nur eine einzige sinnvolle „Anpassung“ an seinen trockenen Standort in Frage: Es muß immer, wenn es regnet, sofort möglichst viel Wasser aufsaugen und für die trockenen Tage vorsorglich speichern. Wundern wir uns eigentlich noch darüber, daß es genau dies tatsächlich tut? Seine Blätter sind zu dickfleischigen kleinen Wasserbehältern geworden, nach jedem Regenguß prall und rund wie winzige Würste. Mit solchen Vorräten läßt sich freilich sogar eine längere Schönwetterperiode gut überdauern, wenn das Felsgestein glühend heiß wird und alle anderen Gewächse verdorren müßten.

Selbst die unscheinbaren Moose des Waldbodens, auf deren nachgebende, schwellende Polster man so gern achtlos tritt, haben ihre ureigenste Methode entwickelt, um die Zeiten einer für sie besonders gefährlichen Trockenheit überdauern zu können. Normalerweise leiden sie ja durchaus keinen Mangel an Wasser und können es sich daher leisten, auf ihren winzigen Blättchen ganze Säulen verdunstender Zellen übereinanderzutürmen. Sie bedürfen daher auch eines ganz besonderen Schutzes, sollte es dennoch einmal längere Zeit trocken sein – und auch sie haben den einzig „vernünftigen“ Weg gefunden. Auch ihre Blättchen werden schmal wie Nadeln, sobald die Luft nicht mehr genügend Feuchtigkeit enthält, aber sie haben doch eine ganz andere „Technik“ verwirklicht als die Blätter der Rasenschmiele. An ihren Blatträndern entdeckt man nämlich kleine Zellsäulchen, und diese klappen sie, wenn sie sich langsam austrocknend allmählich zusammenziehen, wie Fensterläden von beiden Seiten her schützend über der trockenheitempfindlichen Blattfläche zusammen. Ein schmaler Spalt nur bleibt offen, so daß Atmung und Assimilation des Blattes doch nicht völlig unterbrochen werden. Es braucht jedoch nur einmal kurz zu regnen, und schon beginnen diese „Fensterläden“ auf ihrer Innenseite zu quellen und klappen wieder nach außen auf. Das Torfmoos hilft sich wiederum durch Speichern von Regenwasser über Trockenzeiten hinweg. In besonders großen, leeren, mit einem „Entlüftungsloch“ vorsorglich ausgestatteten Blattzellen kann es zwanzigmal soviel Wasser aufnehmen, als es selbst trocken wiegt.

Auch Wüstenpflanzen müssen mit ihrem spärlichen Wasser haushalten. Die beiden Blätter der „Lebenden Steine“ gleichen daher prall gefüllten Wassersäcken. Der seltsame Name dieser Pflanzen ist bezeichnend. Sie unterscheiden sich weder durch ihre Gestalt noch durch ihre Färbung von den Geröllsteinen, zwischen denen sie wachsen. Ihre so vollendete Tarnung ist ein vorzüglicher Schutz gegen das Gefressenwerden. Ohne ihre Umgebung wahrnehmen, ohne nur einen Schimmer von ihr sehen zu können, passen sich die ,,Lebenden Steine" ihr an.

Das ,,Fensterblatt" bringt es sogar fertig, die sengenden, alles verbrennenden und verdorrenden Sonnenstrahlen seiner Wüstenheimat erst zu filtern, bevor sie seine Blattzellen erreichen und deren empfindliches Chlorophyll, das lebenswichtige Blattgrün, schädigen können. Seine schlauchförmigen Blätter stecken geschützt in der Erde, nur ein kleines Stückchen ihrer Oberfläche, das der verbreiterten Blattspitze entspricht, schaut daraus hervor. Es sieht merkwürdig glasig-trüb aus, und tatsächlich enthalten seine Zellen kein Blattgrün. Sie lassen, Milchglasfenstern vergleichbar, das Sonnenlicht ins Innere des Schlauchblattes fallen, und dort muß es zunächst den gesamten Saftraum durchdringen, bis es endlich, durch diese doppelte Filterung entsprechend abgeschwächt, von innen her die Blattwände mit ihren grünen Zellen erreicht!

Wie hilft sich eine Pflanze, wenn sie das Pech hat, auf einem so nährstoffarmen Boden wie dem eines Moores wachsen zu müssen, wo es in erster Linie am lebensnotwendigen Stickstoff mangelt? Die amerikanische ,,Venusfliegenfalle" hat das Problem auf ihre Weise gelöst, durch Umbildung ihrer Blätter zu hochkomplizierten Klappfallen, deren Erfindung jedem menschlichen Techniker zur Ehre gereichte. Sobald sich ein Insekt darauf niederläßt, klappen beide Blatthälften um ihre gleich einem Scharnier wirkende Mittelrippe überraschend schnell zusammen. Lange, steife Borsten an ihren Rändern greifen wie Finger miteinander verschränkter Hände ineinander und bilden ein undurchdringliches ,,Gefängnisgitter". Durch besondere Drüsen ausgeschiedene Fermente – eine Art ,,Magensaft" der Pflanze – verdauen das gefangene Insekt, das Fangblatt saugt diese ,,Bouillon" ein, und die Pflanze gelangt so auf eine originelle Weise zu dem lebensnotwendigen Stickstoff.

Andere Moorpflanzen, wie unser einheimischer Sonnentau, fangen und verdauen ebenfalls Insekten und versorgen sich auf diese originelle Weise mit Stickstoff, den sie zum Wachstum so nötig gebrauchen. Aber sie ,,arbeiten" nicht, wie die Venusfliegenfalle, mit fangeisenähnlichen Klappfallen, sondern veranlassen die Fliegen und Libellen, ihnen buchstäblich ,,auf den Leim zu gehen". Ihre kleinen Blätter haben die Gestalt von winzigen Löffeln, die oben, wo sie sich verbreitern, mit einer Unzahl von Tentakeln besetzt sind. Jeder dieser Miniaturfangarme trägt an seiner Spitze ein im Sonnenlicht wie Tau glänzendes Leimtröpfchen – und wehe dem Insekt, das an diesem ,,Tau" naschen will! Es klebt so fest, daß alles Zappeln und Sichwehren nichts mehr nützt, zumal sich nun auch, wie auf geheimen Befehl, die benachbarten Tentakel zu ihm hinkrümmen. Ja, das ganze ,,Löffelchen" kann sich zusammenkrümmen und dadurch das bedauernswerte Opfer immer fester packen und anleimen. Genau wie bei der amerikanischen Venusfliegenfalle wird es dann durch Absondern von Verdauungssäften aufgelöst und diese ,,Bouillon" anschließend aufgesaugt. Nur das völlig leere Außenskelett des Tieres, seine Chitinhaut, bleibt übrig!

Farbenprächtige Raupe eines Eulenschmetterlings

Ob diese spielerische Vielfalt von Farben und Haarbüscheln vor dem bunten Hintergrund der Nahrungspflanzen eine Tarnung bedeutet oder aber das genaue Gegenteil darstellt, nämlich als „Ungewohnttracht" auffällt und Feinde abschreckt – in jedem Fall geht sie weit über das nur Lebensnotwendige hinaus! Mutation und Auslese allein reichen als Erklärung ganz gewiß nicht aus.

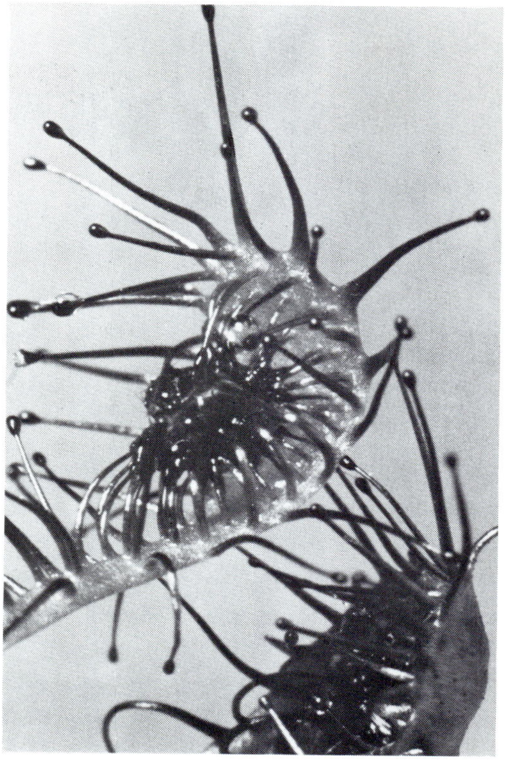

Oben: Das Torfmoos kann zwanzigmal soviel Wasser speichern, als es selbst wiegt. Dann läßt es sich auspressen wie einen Schwamm.

Rechts oben: Die runden Blättchen des Sonnentaus krümmen sich um eine Fliege zusammen, die an den Leimtropfen am Ende ihrer langen Tentakel klebengeblieben ist.

Rechts: Die Wasserhyazinthe schwimmt dank ihres aufgeblasenen, lufthaltigen Blattstieles auf der Wasseroberfläche wie ein Miniaturschlauchboot.

Vier Meter im Durchmesser können die riesigen Schwimmblätter der „Viktoria regia" erreichen. Trotz ihres aufgekrempten Randes füllen sie sich jedoch bei Regen nicht mit Wasser. Die V-förmigen Einkerbungen dienen als „Überlaufventile"!

Die riesigen, bis vier Meter im Durchmesser erreichenden Schwimmblätter der größten Seerose unserer Erde haben nicht minder technisch vollkommen ein ganz anderes Problem gelöst. Wie ein Regenschirm durch sein Metallgestänge sind sie durch starke Rippen so ausgesteift, daß sie eine Last von 40 Kilogramm – also auch große Wasservögel – tragen können, ohne unterzutauchen. Wie aber wird verhindert, daß dies dennoch während eines starken Tropenregens geschieht? Mit ihrem kuchenblechartig aufgekrempten Rand ähneln sie ja regelrechten Schwimmbassins. Doch auch für diesen Fall ist wiederum „vorgesorgt". An zwei gegenüberliegenden Stellen zeigt dieser aufgekrempte Rand V-förmige Einkerbungen, die rechtzeitig einen ausreichenden Überlauf garantieren. Darüber hinaus besitzt die gesamte Blattfläche zahllose winzige Poren, durch die der Rest des Wassers, seinem eigenen Druck folgend, langsam abfließen kann.

Goethe, der nicht nur ein begnadeter Dichter, sondern auch ein hervorragender Naturforscher war, hat ein ganzes Buch über die so erstaunlichen Verwandlungsmöglichkeiten, die „Metamorphosen", des Pflanzenblattes geschrieben. Muß man sich darüber wundern, wenn er in dieser rätselhaften Fähigkeit das Wirken schöpferischer Kräfte erblickte und als Motto über seine Arbeit eine Stelle aus dem Buche Ijob (Hiob) schrieb, die er, wenn auch etwas abweichend von Luthers Übersetzung, formulierte:

„Siehe, Er geht vor mir über
Ehe ich's gewahr werde
Und verwandelt sich
Ehe ich's merke!"

Das Geheimnis der Gallen

Die kaum mehr als ein Zentimeter hohen, bräunlich-grünen Gebilde fallen nur selten einmal Vorübergehenden auf. Doch wer sich die geringe Mühe macht, eines der Ulmenblätter, auf deren Oberseite mitunter gar mehrere nebeneinander sitzen, abzupflücken und die seltsamen „Geschwülste" genauer zu untersuchen, der entdeckt Erstaunliches!

Das sind beileibe keine Mißbildungen, etwa warzenartige Wucherungen des Blattgewebes! Eher schon könnte man sie mit höchst modern anmutenden Wochenendhäuschen vergleichen, ruhen sie doch nicht, wie es die konventionelle Bauweise vorschreibt, mit ihrer ganzen Bodenfläche auf dem Untergrund, sondern schweben gleich Miniatur-Pfahlbauten auf einem kräftigen Stiel frei und luftig darüber. Die „Haustür" unmittelbar über dieser tragenden Säule steht weit offen, und die Bewohner scheinen allesamt ausgeflogen – wobei in diesem Fall das Fliegen sogar wörtlich genommen werden darf. Es sind nämlich winzige Blattläuse, die diese Minibungalows bewohnten, und der Wundreiz, den der tief ins Blattgewebe hineingebohrte, saftsaugende Rüssel ihrer Mutter vor vielen Wochen auslöste, war es, der die Blattzellen zu solch abnormem Wachstum anregte.

Gewebewucherungen dieser Art auf Blättern, an Blattstielen, Blüten oder sogar Wurzeln sind seit langem unter dem Namen „Gallen" bekannt. Als erster beschrieb sie Hippokrates, der 377 vor Christus gestorbene berühmte Arzt des Altertums. Damals hielt man die Gallen, deren man heute an den verschiedensten Pflanzen bereits fast 15 000 Arten kennt, für Früchte und schrieb ihnen nicht nur besondere Heilkräfte zu, sondern mittelalterlicher Aberglaube wollte aus ihrer Beschaffenheit auch allerlei „Vorzeichen" für die nahe Zukunft herauslesen. Erst der große italienische Naturforscher Malpighi († 1694) entdeckte, daß alle Gallen auf Schmarotzer ihrer jeweiligen „Wirtspflanzen" zurückzuführen sind.

Das bis heute ungelöste Rätsel dieser oft seltsam, aber immer höchst zweckmäßig gestalteten Pflanzengallen hatte Malpighi damals schon erkannt. Die Schmarotzer, so schrieb er, empfangen nicht nur ihren täglichen Unterhalt von den Wirtspflanzen, sondern zwingen sie darüber hinaus „den an ihnen abgelegten Eiern den Uterus und sozusagen die nährenden Brüste zu ersetzen. Diese Dienstleistung der Pflanze erfolgt . . . durch ihre eigene Verunstaltung!"

In der Tat ist es weit weniger erstaunlich, daß der Einstich eines Insektenrüssels in gesundes Blattgewebe, der chemische Reiz, der von den darauf abgelegten Eiern oder bereits ausgeschlüpften Larven ausgeht, Zellwucherungen veranlaßt, als daß sich diese „Wucherungen" offensichtlich nach ei-

nem ganz präzisen Bauplan richten und just dann ihr Wachstum einstellen, wenn die für den Schmarotzer ideale Gestalt erreicht ist. Was lenkt diese Wachstumsvorgänge, wer, so ist man versucht zu fragen, führt hier eigentlich die ,,Bauaufsicht"?

Eigentlich beginnt alles noch recht unkompliziert: Um die oft schon tief in das Gewebe abgelegten Eier herum teilen sich die Blattzellen häufiger und schneller. Ihre starke Vermehrung führt zu einer Wallbildung um das Gelege. Bald aber nimmt der ,,Bau", ist er erst einmal oben geschlossen, mehr und mehr eine ganz bestimmte und unverwechselbare Gestalt an. Gewiß gehen von jedem Schmarotzer durch seine Ausscheidungen wieder andere chemische Reize aus – aber niemand könnte im Ernst annehmen, diese Ausscheidungsprodukte seien als alleinige Ursachen die Schöpfer jener so komplizierten, zweckentsprechenden Form der Gallen! Ständen in diesem Fall doch Ursache – eine die Pflanze reizende chemische Substanz als Stoffwechselausscheidungsprodukt des Schmarotzers – und Wirkung – die Bildung einer für diesen Schmarotzer äußerst sinnvoll ,,konstruierten" Galle – in keinem vernünftigen Verhältnis!

Allerdings: Ohne die Anwesenheit bestimmter chemischer Stoffe, die man inzwischen auch schon genauer analysiert hat, bilden sich nun einmal auch keine Gallen. Ja, das Wachstum einer Blattgalle, das sonst so exakt Schritt hält mit dem allmählichen Größerwerden ihres Bewohners, hört schlagartig auf, wenn dieser Bewohner Opfer irgendeines Schmarotzers wird und abstirbt! In diesem Falle können ja keine entsprechenden chemischen Reize mehr von ihm ausgehen. Tatsächlich sind im Speichel gallenerzeugender Blattläuse höhere Konzentrationen bestimmter Aminosäuren und eines Pflanzenwuchshormons festgestellt worden als bei nichtgallenerzeugenden. Eine künstliche Einspritzung dieser Stoffe, die man aus Rebläusen isoliert hatte, in Wurzeln und Sproßspitzen von Weinstöcken führte an diesen Stellen auch erwartungsgemäß zu Wachstumsstörungen, die denen der Reblausgallen äußerlich betrachtet sogar ähnelten. Aber richtige Gallen waren es eben doch nicht! Offenbar unterscheiden diese sich von Art zu Art auch deshalb untereinander derart auffallend, weil jeder gallenerzeugender Schmarotzer durch sein erblich festgelegtes ,,Saugmuster" die chemischen Wachstumsauslöser in einer ganz bestimmten räumlichen Anordnung und zeitlichen Abfolge in das umgebende Pflanzengewebe eintreten läßt. So können zweifellos

Links oben: Die Gallen der Ulmenblattlaus ähneln winzigen Bungalows auf einem Pfahl. Wenn die Schmarotzer im Inneren voll entwickelt sind, öffnet sich die Galle gerade zur rechten Zeit.

Rechts oben: ,,Münzengallen" einer Gallwespe auf dem Blatt einer Eiche.

Links unten: Gallen der Buchengallmücke in unterschiedlichem Reifezustand nebeneinander auf einem Blatt der Rotbuche.

Rechts unten: Durch die Tannen- und Fichtengallaus entstehen sogenannte ,,Ananasgallen" aus im Wachstum gehemmten, am Grunde stark verdickten Nadeln.

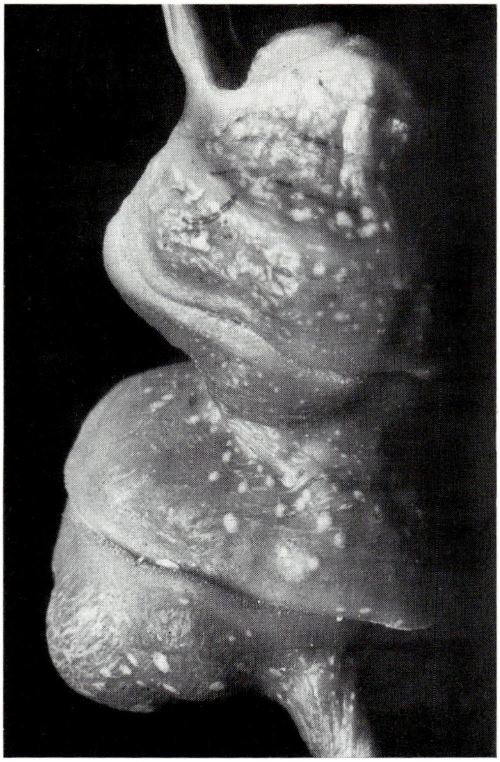

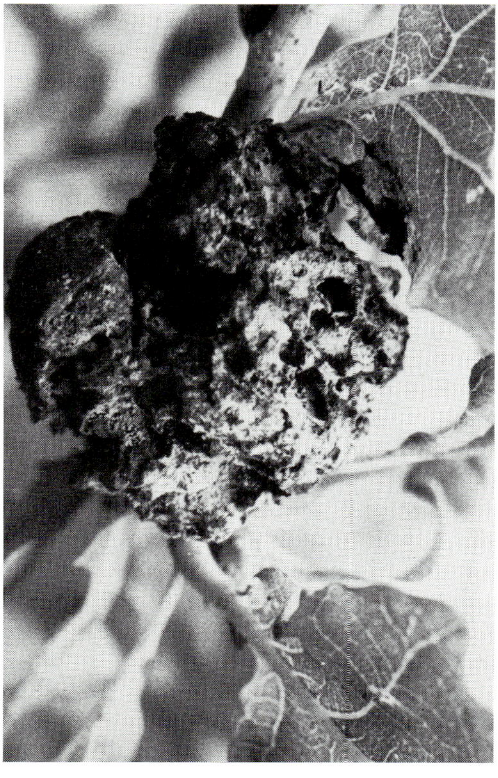

Links oben: Sobald die Larven der Pappelblattlaus Pemphigus an dem Blattstiel zu saugen beginnen, fängt er auf eine scheinbar ungeordnete Weise sich windend und schraubig drehend zu wachsen an.

Oben: Doch zum Schluß entsteht eine Blattstielgalle daraus, in deren Hohlraum sich die Schmarotzer entwickeln. Erst im Herbst verlassen sie ihn als geflügelte Tiere.

Links: Nach der Eiablage in eine Knospe entwickelte diese sich zu einer Knospengalle. Aus ihr schlüpfen im Frühsommer Weibchen und Männchen der Eichengallwespe. Um ihre Eier entstehen an Eichenblättern die bekannten „Galläpfel".

bestimmte Schmarotzerstoffwechselprodukte das Wachsen und Wuchern der ,,Wirtszellen“ anregen, daß aber im Verlaufe dieses Wachstums ganz bestimmte, streng geordnete und zweckdienliche Strukturen entstehen, das bleibt nach wie vor ein Rätsel. Daß diese Stoffe nur auf bestimmten Pflanzen oder gar Teilen einer Pflanzenart, auf ihren Blättern, Blattstielen, Knospen oder Wurzeln zu einer jeweils ganz spezifischen Gallenbildung Anlaß geben, zeigt zudem, welche Bedeutung dabei dieser Wirtspflanze selbst zukommt. Es ist eher so, daß die chemischen Stoffe des Schmarotzers in den betreffenden Pflanzengeweben schlummernde Fähigkeiten, verborgene Potenzen wecken. Sie wären dann lediglich der Reiz, auf den das Gewebe in der richtigen, erblich festgelegten Weise antwortet. Die wahren Ursachen der Neubildung von Formen sind also in der Wirtspflanze selbst zu suchen – mitnichten in irgendwelchen chemischen Stoffen, die vom Schmarotzer ausgehen und allenfalls eine sozusagen ,,eingeplante“ Entwicklung auslösen.

Wie sollte auch ein vom Schmarotzer ausgeschiedenes Stoffwechselgift alleinige Ursache dafür sein können, daß die Wirtspflanze im Inneren der Galle nur zarte, reich mit Nährstoffen angefüllte Zellen ausbildet, die ebenso schnell nachwachsen, wie die stets hungrige Insektenlarve sie regelrecht abweidet? Wie in aller Welt sollten die Stoffwechselschlacken dieser Larven ihre Wirtspflanze dazu bewegen, die Zellwände auf der Außenseite der gleichen Gallen verholzen zu lassen, so daß sie eine schützende Mauer um den wohlversorgten Eindringling bilden? Wie könnte das gleiche Ausscheidungsprodukt Ursache dafür sein, daß die geplagte Wirtspflanze vielfach auch noch bittere Gerbsäure in diesen äußeren Gewebsschichten der Gallen erzeugt und speichert, so daß sie weder von Vögeln verzehrt, noch von Raupen angeknabbert werden?

Mit Recht hat man hier von ,,fremddienlicher Zweckmäßigkeit“ gesprochen – einer Zweckmäßigkeit der Wirtspflanze, die nur ihrem Schmarotzer zugute kommt, keinesfalls jedoch ihr selbst! Sieht es nicht tatsächlich ganz so aus, als baue sie ihren Feinden komfortable, ,,einbruchsichere“ Wohnungen mit Vollpension, als biete sie ihnen zum eigenen Schaden selbstlos Unterschlupf und Nahrung? Denn daß die durch Gallen verunstalteten Blätter ihre lebenswichtigen Aufgaben nicht mehr in vollem Umfang erfüllen können, bedarf eigentlich keiner Erwähnung.

Für dieses seltsame, uneigennützige Verhalten der Wirtspflanzen findet die Darwinsche Entwicklungslehre keine Erklärung. Ja, man kann ohne jede Übertreibung sagen, daß es ihr geradezu widerspricht. Bleibt doch nach Darwin im ,,Kampf ums Dasein“ nur derjenige übrig und überlebt, der gesiegt und seine Gegner oder Konkurrenten überwältigt hat. Nur solche Eigenschaften also dürften weitervererbt werden und sich vervollkommnen, die ganz egoistisch dem eigenen Vorteil und Überleben dienen – keinesfalls aber jene, die ausschließlich dem Feinde Nutzen bringen! Gerade das aber ist hier bei der ,,fremddienlichen Zweckmäßigkeit“ der Fall!

Selbstverständlich hat man auch dafür eine Erklärung gesucht, die zur Theorie paßt: Der Baum macht sein „freundliches Zugeständnis" nur, um die Schmarotzer sozusagen in den Gallen in Schach zu halten. Um zu verhindern, daß sie ihn ganz und gar überwältigen, grenzt er sie ein! Durch diesen Gedankensprung wäre der „Auslesewert" der Gallenbildung im Daseinskampf unserer Wirtspflanzen gerettet – nur fehlt es ihm leider an der Logik! Denn hätten die Wirtspflanzen den gleichen Erfolg nicht viel, viel einfacher dadurch erringen können, daß sie ihre Schmarotzer durch die sowieso erzeugte Gerbsäure – diesmal direkt im „Futtergewebe" gespeichert – vernichtet oder wenigstens vertrieben hätten?

Daß der Sinn der Gallenbildung keineswegs eine „Eingrenzung" oder Abkapselung des Schädlings sein kann, der doch so leicht und viel wirksamer ganz zu vernichten wäre, beweist die überraschende Entdeckung, daß viele dieser seltsamen Gebilde besondere „Türen" besitzen. An einer von Anfang an festgelegten Stelle der Gallenwand löst sich ihr fester Zellenverband genau dann auf und gibt den Weg nach draußen frei, wenn die Bewohner ihre Entwicklung zu flugfähigen Insekten abgeschlossen haben! Dadurch, daß die Wirtspflanze ihre Schmarotzer auf eine derart aufwendige Weise auch noch selbst in Freiheit setzt, dürfte die Theorie von der „Abkapselung" durch Gallenbildung wohl hinlänglich widerlegt sein.

Das gewiß erstaunlichste Beispiel für „fremddienliche Zweckmäßigkeit" liefern allerdings jene Gallen, in deren Wand sich die wuchernden Blattzellen zu einem winzigen Pfropfen anordnen. Im Querschnitt kreisrund verjüngt er sich nach innen zu, wie der eingeschliffene Glasstöpsel einer Giftflasche – und paßt nicht minder fugendicht in die seiner Form genau entsprechende Öffnung. Hineingedrückt werden kann er demnach nicht, aber der Kleinschmetterling, dessen Raupe sich in der Galle wohlgeborgen entwickelt, vermag ihn mühelos beim Schlüpfen nach außen abzustoßen! Hier versagt die allzu simple „Erklärung" durch Zufallsbildung und Auslese im „Kampf ums Dasein" vollends. Setzt sie doch angesichts der beispiellosen Zweckmäßigkeit solcher Gallen für ihre Bewohner nicht weniger blinden Aberglauben voraus als des Adam Lonicer „Kreuterbuch" aus dem Jahr 1679, wo es heißt: „Der gemeine Mann hat Jährlich diese Achtung an den Gallöpffeln, daß entweder eine Fliege, oder ein Spinn, oder ein Omeyss darinnen ist. Die Fliege soll Krieg bedeuten, die Spinne eine Pestilentz oder Sterben, die Omeyss aber eine Theurung."

Was „denkt“ sich so eine Raupe?

Die Behauptung, schließlich sei doch „alles schon einmal dagewesen“, klingt gewiß leicht übertrieben. Doch wer sich eingehender mit dem Verhalten der Tiere beschäftigt, der erlebt immer wieder, daß doch zumindest ein Quentchen Wahrheit in dieser alten Volksweisheit steckt. Wer hätte es wohl für möglich gehalten, daß selbst Amors Pfeil keineswegs nur eine Erfindung der menschlichen Phantasie ist! Ausgerechnet bei den ob ihrer Langsamkeit sprichwörtlichen Schnecken nimmt dieser Pfeil des Liebesgottes buchstäblich „feste Form“ an. Ein unerhört spitzer, scharfkantiger, etwa zehn Millimeter langer „Liebespfeil“ aus Kalk ist es, der in einer eigenen, sehr muskulösen Tasche im Körper der zwittrigen Weinbergschnecken auskristallisiert und den sich die Tiere während ihrer Balz durch plötzliches Zusammenpressen dieser Muskeltasche gegenseitig in den Hals „schießen“.

Selbst Aarons Stab findet in der lebendigen Natur sein „Vorbild“. Freilich nicht in der nach ihm benannten Waldblume, die so geschickt ist im Insektenfangen, denn dort erlebt er ja keine Verwandlung, wird nicht urplötzlich zur züngelnden, zappelnden Schlange und dann wieder zum unbeweglichen Stab. Nein, es ist auch hier gar nicht die Rede von einer Schlange, sondern nur von einem unscheinbaren, gelbbraunen Räupchen!

Im ersten Augenblick sah es tatsächlich ganz so aus, als wollte sich die kleine, kaum mehr als fünf Zentimeter lange Raupe auf ihrem Rosenästchen mutig gegen einen vermeintlichen Angreifer zur Wehr setzen. Als die spiegelnde Frontlinse des Fotoapparates wie ein gefährlich blitzendes Auge immer näher auf sie zukam, ließen ihre kurzen Brustbeine das Ästchen, das sie zuvor fest umklammert hielten, jählings los. Der Vorderkörper des Tieres, jetzt allein von den „Scheinfüßchen“ am Hinterleibsende gehalten, schnellte in die Höhe, bäumte sich auf wie eine zum tödlichen Biß bereite Schlange.

Doch dann geschah das Seltsame, Unerwartete. Statt den Kopf mit seinen – freilich harmlosen Kiefern – gegen den mutmaßlichen Aggressor zu wenden, verharrte die Raupe, wie durch geheime Zauberkraft urplötzlich erstarrt, der von Aaron vor des Pharao Thron aufgehobenen Schlange vergleichbar, wie ein „Stab“ in ihrer gestreckten Haltung. In der eigentlichen, ursprünglichen Bedeutung des Wortes ragte sie wie „angewurzelt“ schräg seitwärts von ihrem Ast ab, denn sie glich nun in der Tat einem kleineren, nur um ein weniges helleren Seitenästchen, das ganz Teil der Pflanze ist und aus der gemeinsamen Wurzel ernährt wird. Und als genügte die erstarrte, steife Haltung allein nicht, um einen echten Feind, eine hungrige Meise etwa, vollkommen zu täuschen und ihm ein Ästchen vorzugaukeln, wo in Wirklichkeit eine schmackhafte Beute sitzt, zeigt die Haut der Spannerraupe allerlei Falten, Runzeln und dunkel gefärbte Höckerchen, wie ein echter Zweig in seiner Borke.

So ist der Betrug schlechthin vollkommen, und es wurden schon Vögel beobachtet, die unmittelbar neben einen solchen zum „Zweig" erstarrten Räupchen auf dem echten Ast saßen und nicht die mindeste Notiz von diesem sonst doch so verlockenden „Frühstück" nahmen.

Zweifellos also ein wirksamer Schutz vor dem Ausgemerztwerden im „Kampf ums Dasein", diese raffinierte Maskerade. Nur: Wie alle jene sinnreichen Anpassungen, die man in schier unerschöpflicher Fülle in der lebendigen Schöpfung finden kann, wirkt sie doch erst lebens- und arterhaltend, wenn sie sozusagen fehlerfrei funktioniert. So vermag die „natürliche Auslese" allenfalls verständlich zu machen, warum die Spannerraupe überlebt – jedoch niemals, wie dieser geniale Trick der Natur denn nun eigentlich zustande kam. Auch hier zeigt sich wieder, wie recht der Nobelpreisträger Mauriac hat, denn all dies nur dem Zufall anheimzustellen, erfordert in der Tat recht viel „frommen Glauben".

Da „stimmt" ja nicht allein die Färbung der Raupenhaut, die, weil ja schließlich nur ein blattloses Ästchen vorgegaukelt werden kann, haargenau der eines abgestorbenen, dürren Steinzweiges entspricht. Auch die Struktur, die imitierten „Risse", Poren und warzenartigen Erhöhungen auf längst eingetrockneter, toter Borke werden ja nachgeahmt. Und schließlich: Verfügte die kleine Spannerraupe nicht auch noch über den richtigen Instinkt, sich im rechten Moment wie ein vertrockneter Seitenzweig von ihrem Ast abzuspreizen und so reglos zu verharren, bis die Gefahr vorüber ist, was nützte ihr dann selbst die größte Ähnlichkeit mit diesem Zweig? Einen „dürren Zweig", der mit den unverkennbaren, weit ausholenden Bewegungen einer Spannerraupe davonkriecht, würde keine Meise verschonen. Es müßte dies ein sehr „intelligenter Zufall" gewesen sein, der hier alle sich gegenseitig bedingenden und voraussetzenden Farb- wie Strukturmuster selbst und die entsprechenden Reaktionen möglicher Feinde so ganz bar jeden Mangels „vorausplante", ohne auch nur eine geringfügige, aber das Ganze zunichte machende Kleinigkeit dabei zu vergessen.

Interessanterweise erreichen andere Spannerraupen wie etwa die des Kiefernspanners, aber auch die Kiefernschwärmerraupen das gleiche Ziel mit gänzlich anderen Mitteln, obwohl auch sie scheinbar nach dem alten Grundsatz handeln, daß man einen Baum am sichersten mitten im Wald versteckt und im dichten Gewirr der Kiefernnadeln eine Nadel nachahmen. Diesmal allerdings nicht durch Strecken und Stillhalten, sondern durch eine täuschende Färbung und Zeichnung. Die gelblichgrünen Räupchen würden trotz dieser verbergenden Tarnfarbe auffallen, weil sie nun einmal viel dicker sind als eine gewöhnliche Kiefernnadel. Aber durch ihre weiße oder gelbliche Längsstreifung werden sie für das Vogelauge gewissermaßen „optisch" aufgelöst, in lauter schmale grüne Streifen gespalten, die zwischen all den vielen anderen grünen Streifen, den Nadeln der Kiefer, nicht mehr auffallen.

Täuschend ahmt die Spannerraupe in Haltung, Farbe und Beschaffenheit ihrer Haut ein dürres Ästchen nach.

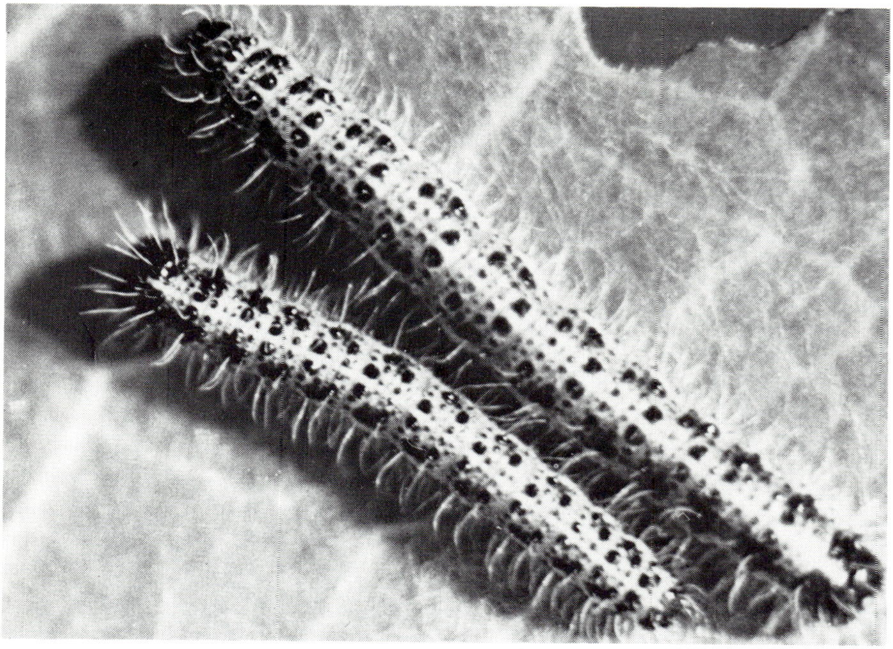

Oben: Auch das ungewohnte Aussehen einer Raupe kann ihr Schutz gewähren: die Vögel schrecken vor dieser „Ungewohnttracht" zurück.

Unten: Langhaarige Raupen werden von Vögeln verschmäht: Die Haare brechen ab und verursachen Schmerzen in Rachen und Hals, besonders wenn sie mit ätzenden Giftstoffen gefüllt sind!

Interessanterweise finden wir ja den gleichen „Trick" auch bei höheren Tieren, nicht nur bei den Frischlingen unserer Wildschweine, sondern zum Beispiel auch bei Tigern. Der große, normalerweise schon von weitem auffallende Körper eines Tigers wird vor dem Hintergrund eines Bambusdickichts optisch so vollkommen aufgelöst, daß er nicht einmal mehr aus unmittelbarer Nähe ohne schärferes Hinsehen bemerkt wird. Das bewirkt vor allem seine Streifung, denn dieser Hintergrund erscheint ja ebenfalls „gestreift": helle Bambusschößlinge und dunklere Lücken dazwischen!

Seltsamerweise scheinen es andere Raupen geradezu darauf abgesehen zu haben, ganz besonders aufzufallen, denn sie sind zum Beispiel durch ihre schwarze und gelbe Markierung gewiß nicht zu übersehen. Doch gerade eben dieses Gesehenwerden um jeden Preis läßt sie überleben, denn viele hungrige Vögel schrecken zurück vor ihrem befremdenden Aussehen, ihrer „Ungewohnt-Tracht". Bei Raupen mit langen Haaren kommt zu dem ungewohnten Anblick noch ein Zweites: Diese Haare brechen leicht ab und bohren sich in die empfindlichen Schleimhäute des Rachens und Halses, was freilich noch weit schmerzhafter wirkt, wenn sie, wie bei einigen dieser haarigen Raupen, als Drüsenhaare mit ätzendem Gift angefüllt sind. Nein, kein Vogel, der auch nur ein einziges Mal solch üble Erfahrung gemacht hat, wird jemals wieder eine behaarte Raupe verspeisen wollen.

Am raffiniertesten erscheint uns aber doch wohl der Trick mit der Gegenschattierung. Bei manchen Raupen ist nämlich der Rücken auffallend dunkler gefärbt als der Bauch, der, obwohl vom Licht abgewandt, viel heller ist. Die normalen Beleuchtungseffekte eines runden oder walzlichen Gegenstandes, der auf seiner dem Licht zugewandten Seite heller, auf der dem Licht abgewandten aber durch den eigenen Schatten dunkler wirkt und gerade dadurch als „Körper" in Erscheinung tritt, sind hier sozusagen auf den Kopf gestellt. Doch genau das scheint die Absicht zu sein, denn durch diese Umkehrung von Licht- und Schattenseite verliert die Raupe rein optisch ihre Körperlichkeit, wird scheinbar flach wie das Blatt oder der Zweig, auf dem sie sitzt. Was Wunder also, wenn sie von jagenden Vögeln ebensoleicht übersehen wird wie die ein dürres Ästchen nachahmende Spannerraupe? Am unbegreiflichsten ist aber auch hier wiederum, mit welcher Präzision der Instinkt zum Aussehen paßt. Es gibt nämlich auch Raupen, bei denen die Bauchseite dunkler gefärbt ist als der Rücken – und nur diese klammern sich an ihrem Ästchen mit dem Bauch nach oben, dem Licht zu, fest.

Nein, keine einzige der abermillionen Raupen auf dieser Welt „denkt" sich etwas dabei, wenn sie sich richtig, das heißt zu ihrer Gestalt und Färbung passend, verhält. Hat sie doch nicht einmal die geringste Ahnung von ihrem eigenen Aussehen – und zum Denken fehlt eben das entsprechende Gehirn. Es ist ihr gegeben – im echten Sinn des Wortes auch hier –, zur rechten Zeit zu tun, als sei sie von hoher Intelligenz, ohne selbst auch nur eine Spur davon zu besitzen.

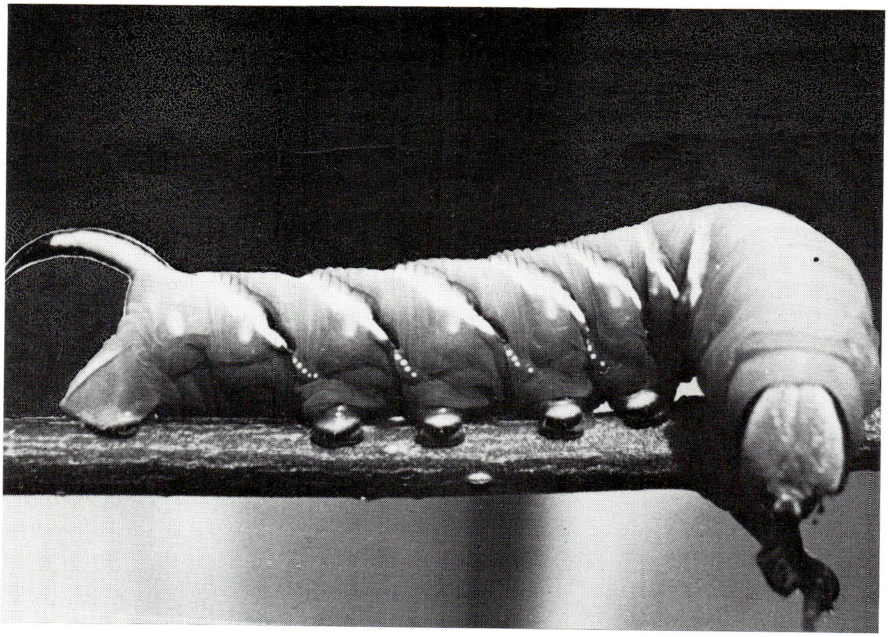

Oben: Auch die auffällige Streifung der Raupe des Ligusterschwärmers ist für viele Vögel ungewohnt. Das merkwürdige Horn am Körperende, das alle Schwärmerraupen besitzen, ist übrigens keine Waffe, sondern ebenfalls nur „Zierat".

Unten: Diese Schwärmerraupe ist „gegenschattiert": Ihre Schattenseite, die Bauchseite, ist heller als der Rücken. Dadurch wirkt sie weniger als „Körper".

Wunder der Verwandlung

Man sagt ihnen nach, unter all den zahllosen Insekten, die unsere Erde bevölkern, seien sie mit Abstand die miserabelsten Flieger. Dennoch: Wer etwa versuchen wollte, einen vorübergaukelnden Schmetterling mit bloßen Händen zu erhaschen, der müßte schon ein geübter Sprinter sein, schnell, wendig und mit reichlich Augenmaß. Was da auf den ersten Blick so überaus ungeschickt anmutet, das unberechenbare Hin und Her, Auf und Ab ohne erkennbare Richtung – sollte es nicht in Wirklichkeit ein raffinierter Trick sein, wie ihn auch verfolgte Hasen beim „Hakenschlagen" anwenden? Geht es doch jedem hungrigen Vogel, der solch unstetem Flattern kreuz und quer über die Wiese folgt, nicht anders als dem gefoppten Jagdhund. Immer wieder verfehlt er sein buntschillerndes Opfer, stößt mit dem erwartungsvoll weit geöffneten Schnabel ins Leere, dorthin nämlich, wo der nur scheinbar so ziellos Fliegende gerade eben noch war.

Denn ein Ziel hat er durchaus, der zitronengelb leuchtende „Schwalbenschwanz" mit den dunklen Streifen und Girlanden auf seinen großen, von metallblau schillernden Tupfen übersäten Flügeln. Nicht von ungefähr steuert er – richtiger gesagt: sie, denn es handelt sich um ein Weibchen – immer wieder andere Pflanzen an, oft in geradezu akrobatisch anmutendem Sturzflug. Doch meist scheint es das falsche Gewächs zu sein, als Futter für den Nachwuchs ungeeignet, wie der feine Geruchsinn buchstäblich mit Windeseile verrät. Aber dann läßt es sich ganz unverhofft auf einem unscheinbaren Doldengewächs nieder, einer wilden Möhre, klappt die leuchtenden Flügel wie behutsam balancierend noch einige Male auf und zu, um dann an die Unterseite eines Blattes ein Ei oder auch zwei zu kitten. Erstaunliche „Weisheit" der Unvernünftigen, unbegreiflicher Instinkt, der das Tier so zu handeln veranlaßt, als vermöchte es Zukünftiges vorauszusehen.

Schon drei Eier auf einer Möhrenpflanze wären in der Tat des Guten zuviel, denn ihre tief zerschlitzten Blätter genügten nicht, um die recht bald ausschlüpfenden Räupchen bis zu ihrer Verpuppung zu ernähren. Genau bei zweien ist die Grenze erreicht, und siehe da: Sobald das Schwalbenschwanzweibchen zwei Eier abgesetzt hat, hastet es weiter zur nächsten Möhrenpflanze, um sie ebenfalls mit höchstens zwei Eiern zu belegen, und immer so weiter, bis das langwierige Geschäft glücklich zu Ende geführt ist.

Niemals würde man eines dieser kleinen Schmetterlingseier offen auf der Oberseite eines Blattes entdecken, wo es trocknenden Sonnenstrahlen nicht minder ausgesetzt wäre als dem abspülenden Regen oder, weit gefährlicher noch: den scharfen Augen und pinzettfeinen Schnäbeln unersättlicher Vögel.

Nichts, auch nicht die geringste Kleinigkeit scheint hier unberücksichtigt, und doch kann das Schmetterlingsweibchen ebensowenig überlegen wie die wilde Möhre. Mit Sicherheit „erinnert" es sich auch nicht mehr seiner eigenen Raupenzeit, in der es mit scharfen, schneidenden Kiefern ausschließlich Möhrenblätter zernagte, zumal es ja jetzt mit einem wie eigens dafür geschaffenen, aufrollbaren Rüssel nur noch Nektar saugt.

Die jungen Raupen stehen, was ihre angeborene, instinktive „Klugheit" anbetrifft, ihrer Mutter, die sie nie zu Gesicht bekommen, keineswegs nach. Während sie rasch heranwachsen, müssen sie sich mehrmals häuten, denn ihre nur wenig dehnbare Chitinhaut wächst ja nicht mit. Sobald sie aber ihre artgemäße, volle Größe erreicht haben, treffen die Raupen Vorbereitungen ganz besonderer Art – und die wirken freilich nicht weniger „vorausahnend" als das Gebaren ihrer Mutter während der Eiablage. Obwohl sie es doch niemals lernen konnten, gebrauchen sie ihre Spinndrüsen in der einzig „vernünftigen" Art und Weise: sie weben ein kaum streichholzkopfgroßes, lockeres Pölsterchen auf das Seitenästchen der Futterpflanze und verkrallen ihr eigens zu diesem Zweck mit Häkchen besetzes Hinterleibsende darin.

Hat die Raupe solcherart für einen sicheren „Rückhalt" gesorgt, beugt sie den Vorderkörper weit zurück und zieht viele silberglänzende Seidenfäden zu einem festen „Gürtel" um ihren Rücken. Kaum sind die beiden Enden dieses Gürtels an der Unterlage vertäut, platzt die Raupenhaut am Nacken auf und wird, wie ein altes, unnütz gewordenes Hemd, durch ruckartige Bewegungen des Tieres nach unten abgestreift, wo sie, rasch austrocknend und unansehnlich zusammenschrumpfend, schließlich am Seidengürtel hängenbleibt.

Was darunter zum Vorschein kommt, zeigt kaum noch irgendwelche Ähnlichkeit mit der Raupe: eine kantige, hellgrüne Puppe, die man wegen ihrer nur angedeuteten, unbeweglichen Gliedmaßen zu Recht als „Mumienpuppe" bezeichnet. Die merkwürdigen „Bauchfüße", mit deren weicher, durch einen Borstenkranz eingefaßter Sohle die Raupe mühelos auch an glatten Zweigen emporklimmen konnte, sind ebenso verschwunden wie ihre wenig gegliederten „echten" Beine oder die zangenartigen Kiefer. Das alles braucht ja die Puppe nicht, während sie zwei Wochen lang unbeweglich und ohne Nahrung zu sich zu nehmen an ihrem Gürtel hängt.

Wie so oft, gibt es auch hier verschiedene Wege, die zum gleichen Ziel hinführen. Nicht alle Raupen unserer Tagfalter bereiten ihre Puppenruhe auf die geschilderte Art und Weise vor. Es geht nämlich auch bedeutend einfacher. Die „Stürzpuppen" hängen kopfunter, nur mit den gleichen Häkchen und Borsten am Hinterleibsende in einem kleinen Gespinstkissen verankert, die wir bereits von der Gürtelpuppe des Schwalbenschwanzes her kennen. Der fertig entwickelte Falter kann also seine Puppenhülle auch ohne einen haltenden Gürtel verlassen – ein weiteres Beispiel dafür, daß die lebendige Schöpfung in ihrer Mannigfaltigkeit weit über das nur Nötige, zum Überleben im Daseinskampf unbedingt Erforderliche hinausgeht!

Tagpfauenauge auf einer Blüte

Wenn ein Tagpfauenauge sich durch einen hungrigen Vogel bedroht fühlt, klappt es nicht, wie viele andere Schmetterlinge, seine Flügel zusammen, deren unscheinbare, wie Fallaub gefärbte Unterseite es praktisch unsichtbar machen würde. Es breitet im Gegenteil seine auffallenden Flügel weit auseinander und richtet sich sogar noch etwas auf dabei. Dadurch weist es dem Gegner plötzlich vier „drohende" Augen, die ihn mit Erfolg in die Flucht jagen. Stets entspricht das instinktive Verhalten genau den körperlichen Voraussetzungen!

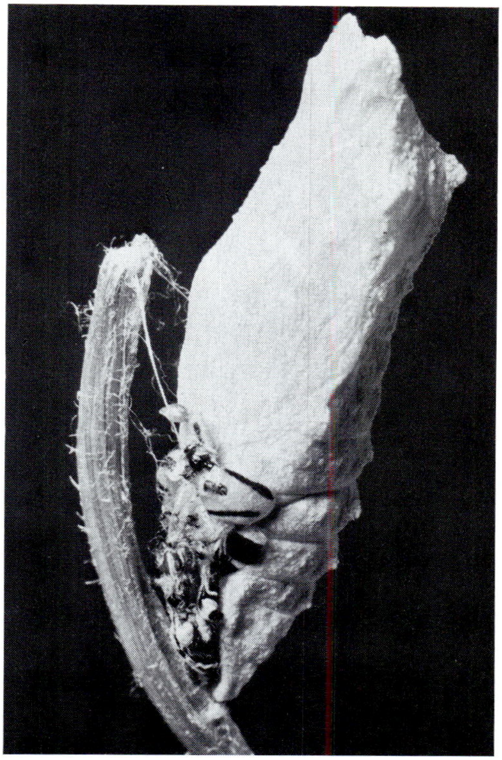

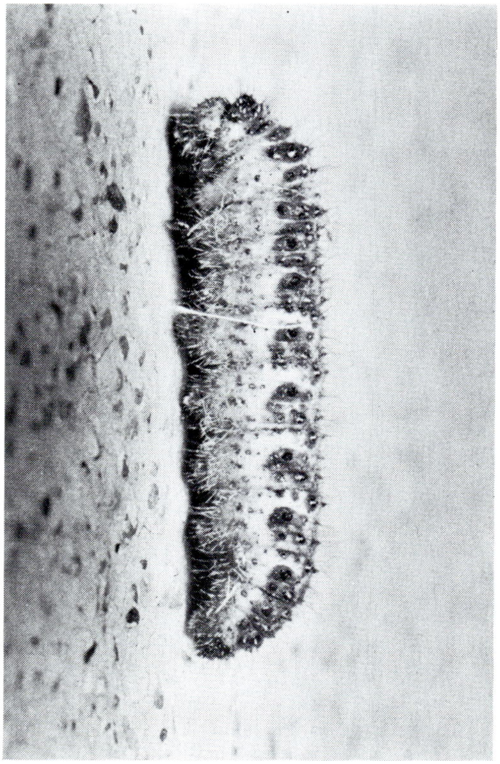

Oben: Gürtelpuppe des Schwalbenschwanz. Die abgestreifte, letzte Raupenhaut ist bei der Häutung im Gürtel hängengeblieben. Auch die Puppe läßt noch nichts von der Gestalt oder Färbung des späteren Schmetterlings erkennen.

Rechts oben: Stürzpuppen hängen einfach kopfunter, nur mit dem Hinterleibsende in einem kleinen „Seidenteppich“ verhakt.

Rechts: Die Weißlingsraupe hat sich ihren Gürtel fest um den Rücken gezogen. Nach ihrer letzten Häutung hängt dann die „Gürtelpuppe“ sicher in dem gleichen, haltbaren Seidenband.

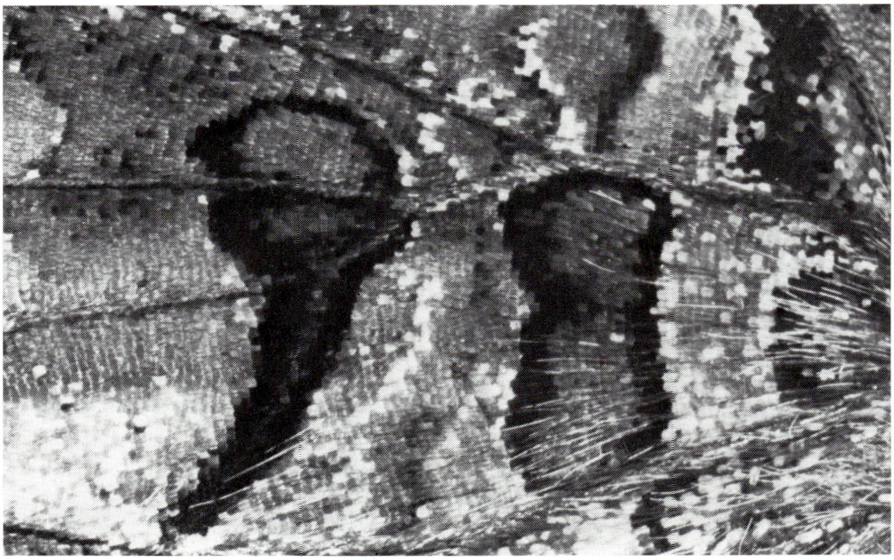

Oben: Der fertigentwickelte Schwalbenschwanz, der aus seiner Gürtelpuppe schlüpft, ist ein völlig „neues" Geschöpf – mit großen, gelb und schwarz gezeichneten Flügeln.

Unten: Auf der Flügelunterseite des Admirals bilden in das bunte Mosaik verschiedenfarbiger Schuppen eingelagerte dunklere die Zahl 98. Diese Ordnung besitzt keinerlei Selektionswert – aber sie wird von Generation zu Generation weitervererbt.

Mag die Schmetterlingspuppe aber nun in ihrem Gürtel aufrecht oder kopfunter an ihrem Zweig hängen: ihre Unbeweglichkeit und Ruhe ist nur äußerlich. Unter der derben Puppenhaut geschieht in dieser kurzen Zeitspanne ein wahres Wunder, spielt sich ein Verwandlungsprozeß ab, der unser Fassungsvermögen schier übersteigt. Gewiß: Der menschliche Geist hat Phantastisches geleistet, Mondlandungen ermöglicht und ganze Laboratorien auf ferne Planeten geschickt, aber vor dem, was sich hier abspielt, versagt all seine Wissenschaft.

Was sind das für rätselhafte Kräfte, die im Innern der Puppe die alten Raupenorgane sozusagen „einschmelzen" zu einem formlosen, weißen Brei aus organischer Substanz, die dann wiederum als „Baumaterial" für völlig neue, die Schmetterlingsorgane dient? Wie werden sie gerade zur rechten Zeit freigesetzt, so daß schon vorher vorhandene, wie zielbewußt bereitgestellte Zellbezirke zu wachsen und sich zu teilen beginnen? Was lenkt dieses Wachstum und ordnet es, so daß es zum Aufbau von sinnvoll Neuem führt? Wie wird der so perfekte Bauplan des Schmetterlings Wirklichkeit, ja, wo ist er überhaupt zu suchen, dieser zweifellos vorhandene „innere Plan", und was bewirkt, daß die Wachstums- und Differenzierungsprozesse just dann eingestellt werden, wenn dieser geheime Plan ausgeführt, der Schmetterling also „fertig" ist? Allerdings: Nicht alles wird völlig neu, das Herz zum Beispiel muß ja während der ganzen Zeit pausenlos weiterarbeiten und wird daher kaum in die „Umbauten" einbezogen.

Was da in knapp 14 Tagen entsteht, hat freilich mit der Raupe und Puppe kaum noch Ähnlichkeit. Die überlangen, feingliedrigen Beine, der aufrollbare Saugrüssel, die großen, halbkugeligen „Facettenaugen", die Fühler als Organe des Geruchsinnes und vor allem die Flügel möchten uns ernsthaft daran zweifeln lassen, daß dies immer noch das gleiche Tier ist. So minuziös werden die „Umbauarbeiten" gelenkt, daß nicht eine der vielen tausend verschiedenfarbigen Flügelschuppen am falschen Platz sitzt. Jede ist vielmehr, wie die bunten Steine eines kostbaren Mosaiks, genau an der „richtigen" Stelle des Flügelmusters eingeordnet, so daß sich alle gegenseitig zu einem unverwechselbaren „Bild" ergänzen. Bedarf es eigentlich noch einer Erwähnung, daß inzwischen auch alle Instinkte herangereift sind, die der Schmetterling sozusagen als „angeborene Gebrauchsanweisung" für die vielen neuen Organe braucht?

Daß sich ein Geschöpf so vollkommen verwandeln kann und trotzdem im Grunde das gleiche bleibt, das versetzte bereits die Naturforscher vergangener Jahrhunderte immer wieder in Erstaunen. So schrieb Adam Lonicer 1679 vom „Wunderwerk der Natur in den Seydenwürmern", einer anderen Schmetterlingsart, es sei „aber in diesen Thieren zum allerhöchsten zu verwundern . . . daß sie erstlich Würm sind und in ihrem Bälglin oder Seidenhäusslin sterben, und nachmals Flügel bekommen . . . wiederum lebendig aus den Häusslin herauskriechen und alsden allererst ihre Eyer legen". Adolf Portmann nennt die Verwunderung jene Tugend, die heute wohl am seltensten anzutreffen ist. Die Schmetterlinge könnten sie uns wieder lehren.

Links oben: Mit ihren kurzen Stummelfüßen klettert die Raupe des Weinschwärmers erstaunlich geschickt an Halmen empor. Von der Gestalt des späteren Schmetterlings ist noch nichts zu erkennen.

Oben: Geöffneter Kokon, den die Raupe des Nachtpfauenauges aus Seide gesponnen hat. Oben bleibt er offen, so daß der Schmetterling später ausschlüpfen kann. Das Eindringen von Feinden wird durch eine Reuse aus starken Borsten unter dieser Öffnung verhindert. Darunter ist die Puppe zu erkennen, ganz unten die letzte Raupenhaut.

Links: Mikroskopische Aufnahme der Schmetterlingsflügelschuppen. Sie überdecken einander wie Dachziegel in regelmäßigen, wie mit dem Lineal gezogenen Reihen.

Die falschen Augen

Merkwürdig: Entgegen aller Erfahrung mit Schmetterlingen bleibt das buntschillernde Tagpfauenauge ruhig auf seiner Blütendolde sitzen, wenn sich ihm das so gefährlich glänzende „Auge" der Kameralinse bedrohlich nähert. Das heißt, so ganz und gar unbeweglich verharrt es nun auch wieder nicht in seiner Stellung, sondern dreht dem vermeintlichen Feind den Rücken etwas entgegen, spreizt die Flügel noch ein wenig weiter auseinander und stemmt sich gar, so gut es kann, auf seinen schlanken Vorderbeinen in die Höhe.

Seltsam! Die meisten Schmetterlinge flattern eilends davon, sobald Gefahr droht, oder lassen sich ins dichte Gras hinabfallen, um ihren suchenden Feinden zu entkommen. Warum nur benimmt sich ausgerechnet einer der auffälligsten Falter so ganz anders, ja geradezu selbstmörderisch wie es scheint, indem er sitzen bleibt und sich noch auffälliger macht, statt eiligst das Weite zu suchen?

Das Rätsel löst sich von selbst, wenn es nicht eine harmlose Kamera ist, sondern ein wirklicher Feind, ein hungriger Vogel etwa, dessen Kopf und Schnabel sich der so willkommenen Beute begierig nähern. Just in dem Augenblick, da man glaubt, nun sei es um den Schmetterling geschehen, spreizt er die Flügel, schlägt sie gar behutsam um ein geringes auf und nieder – und mit angstvollem Gezeter, als habe er ein erschreckliches Gespenst erblickt, stiebt der beutelüsterne Vogel davon!

Weshalb? Ja, genau darüber haben sich Verhaltensforscher auch den Kopf zerbrochen. Sollten es die bunten Farbmuster sein, die Vögel als etwas völlig Ungewohntes und Fremdartiges so in heillosen Schrecken versetzen? Aber schließlich gibt es ja noch viele andere, kaum minder farbenfreudige Schmetterlinge, die von den gleichen Vögeln mit offenkundigem Appetit verspeist werden! Sind es vielleicht die seltsamen Augenmuster auf den Flügeln des Tagpfauenauges, die solch panische Flucht auslösen? In der Tat ist es ja so, daß selbst ein totes Tagpfauenauge ängstlich gemieden wird. Erst nach Abbürsten der diese „Augen" bildenden bunten Flügelschuppen wagen sich die Vögel wieder näher heran und zeigen nun keinerlei Hemmung mehr. Also doch die vorgetäuschten „Augen", ja möglicherweise gar das ganze „Gesicht", das sie bilden, vergleichbar einem Tagvögeln unheildrohenden Eulengesicht mit deutlichem „Schnabel" in der Mitte: dem schlanken Leib des Schmetterlings! Die abschreckende Wirkung, die allein schon von den falschen Augen ausgeht, konnte durch ausgeklügelte Experimente überzeugend nachgewiesen werden. Auf Mattglasscheiben, die von unten zu beleuchten waren, wurden verschiedene Muster aufgemalt: Striche, Kreuze, einfache und doppelte, konzentrische Kreise und solche, denen man etwas

seitlich von der Mitte einen „Glanzfleck“ aufgesetzt hatte, wie er sich in den dunklen Pupillen echter Augen spiegelt. Diese Muster wurden nun abwechselnd von unten beleuchtet und erschienen dadurch plötzlich neben dem Futter, das auf der Platte für die Versuchsvögel ausgestreut lag. Ganz wie erwartet erschraken die vorher ahnungslos pickenden Vögel nicht bei Strichen und Kreuzen, flüchteten jedoch, sobald Kreise sichtbar wurden. Die stärkste Fluchtreaktion lösten jene Kreisfiguren aus, die durch ihre „Pupille“ mit dem aufgesetzten Glanzfleck so täuschend echte Augen nachahmten!

Wer nun glaubt, damit sei das Rätsel der „falschen Augen“ auf den Flügeln zahlreicher Schmetterlingsarten, den Vorderkörpern mancher Raupen und sogar den Flügeln einiger Heuschrecken etwa gelöst, der irrt sich gewaltig! Da bleibt zunächst einmal die Frage völlig offen, wie denn diese Attrappenaugen eigentlich entstehen. Bei unseren Schmetterlingen handelt es sich um echte Mosaikbilder, aus Tausenden winziger, unterschiedlich gefärbter Flügelschuppen zusammengesetzt. So betonen etwa Ringe aus weißen Schuppen kontrastreich die Begrenzung einer dunklen „Pupillen“-Kreisfläche aus unzähligen dunkelbraunen oder schwarzen, auf der wiederum Gruppen rein weißer und hellblauer Schuppen den „Glanzfleck“ erzeugen. Aber auch gelbe, braune und rote Schuppen tragen bei einigen Arten dazu bei, daß sich die „Augen“ leuchtkräftig vom andersfarbigen Hintergrund des Flügels abheben. Das Seltsamste dabei ist jedoch, daß nur einige dieser Schuppen, die schwarzen, braunen, gelben und roten nämlich, einen entsprechenden Farbstoff, ein Pigment enthalten! Die weißen Schuppen dagegen sind völlig pigmentfrei und erscheinen, genau wie der ebenfalls „farblose“ Schnee, nur deshalb weiß, weil sie das Licht total reflektieren. Bei den blauen Schuppen, die gerade am kräftigsten leuchten, ist die Sache freilich noch etwas komplizierter. Ihre „Farbe“ kommt als physikalische Farbe lediglich durch Brechung und Beugung der Lichtstrahlen zustande, so also wie die „Farben“ des Regenbogens entstehen oder das bläuliche Schillern eines Ölflecks auf regennassem Asphalt. Es ist der besondere Feinbau, die nur bei stärkster Vergrößerung erkennbare komplizierte innere Struktur dieser Schuppen, die solche Brechung und Beugung der Lichtstrahlen erzwingt. Ja, es gibt sogar Flügelschuppen, die ein gelbes Pigment enthalten, gleichzeitig aber so strukturiert sind, daß sie die „physikalische“ oder „Strukturfarbe“ Blau erzeugen, wodurch sie unserem Auge in der Mischfarbe Grün erscheinen!

Oben: Beim Perlmutterfalter sind die Augenflecke mit ihrem hellen Glanzfleck in Binden zwischen den perlmutterschillernden Feldern angeordnet.

Unten: Die einfachste, aber dennoch schon wirksame Form falscher „Augen“ sind dunkle, runde Flecken aus entsprechend gefärbten Schuppen. Kaisermantel.

Erstaunlich, daß die lebendige Natur den gleichen „Trick" zweimal anwendet (und in Wirklichkeit sogar noch öfter!): bei Schmetterlingen wie bei Vögeln. Auch deren Federn werden ja nicht allein durch eingelagerte Pigmente, sondern ebenfalls zusätzlich durch physikalische, von besonderen Strukturen erzeugte „Strukturfarben" so vielgestaltig bunt! Selbst die Methode der „Mischfarben" ist in beiden Fällen genau die gleiche. Man braucht sich ja nur an die farbenschillernden „Augenmuster" in den Schwanzfedern des balzenden Pfauenhahnes zu erinnern!

Dies alles ist, für sich allein betrachtet, freilich bereits rätselhaft genug. Aber man darf eben in der lebendigen Schöpfung die Dinge nicht „für sich allein", isoliert betrachten, sondern muß immer versuchen, sie im Zusammenhang zu sehen, was in der Tat nicht ganz einfach ist. Man kann dann nämlich nicht mehr stillschweigend weitere Probleme und Fragen einfach übergehen, die sich unwillkürlich aufdrängen und zu deren Beantwortung all unser Wissen um die Chemie und Physik der Pigmente und Feinstrukturen, die Stoffwechsel- und Entwicklungsprozesse im lebendigen Organismus bei weitem nicht ausreicht!

Nein, niemand vermag zu erklären, wie dieses unerhörte Maß an Ordnung zustande kommt, das sich in jedem einzelnen Augenmuster präsentiert! Kein Mensch weiß, welche rätselhaften Kräfte seine Bildung steuern, so daß jede Schuppe genau an die Stelle des Gesamtmusters zu sitzen kommt, an die sie hingehört. Es ist und bleibt ein Geheimnis, wie sich Pigment- und Strukturfarben, durch ganz verschiedene Schuppen repräsentiert, gegenseitig zu einem vollkommenen „Bild" ergänzen – einem Bild, dem wiederum ein genau entsprechendes Instinktverhalten, das „Vorzeigen" der drohenden Augenmuster, zugeordnet sein muß, sollen sie als Auslöser für die Flucht der Feinde wirksam werden!

Allein für den „Zufall" dürfte dies alles wiederum eine Überforderung sein! Zudem gehen ja alle jene Zeichnungen und Muster in ihrer höchst komplizierten Struktur weit, sehr weit über das hinaus, was – möglicherweise! – im „Kampf ums Dasein" von Bedeutung ist. Genügen doch, wie die erwähnten Experimente zeigen, schon einfache dunkle Flecken oder helle Ringe vollauf als abschreckende Auslöser. Wie also sollte durch Auslese all das „Unnötige", im Daseinskampf Überflüssige, das Nur-Schöne, das rein Ornamentale solcher Schuppenmosaike zustande gekommen sein? Wie könnte man es ernsthaft für nichts als Zufall halten, daß unter allen nur ausdenkbaren möglichen Verhaltensweisen unsere Augenfalter jene einzig richtige, allein sinnvolle praktizieren – ohne auch nur das mindeste von ihren abschreckenden „Ornamenten" zu wissen, ohne sie je gesehen zu haben? Und andererseits:

Oben: Wenn er sich bedroht fühlt, hebt der Samtfalter die Spitzen der Vorderflügel etwas an. Dann wird das „Auge" sichtbar.

Unten: Bei diesem Augenfalter (Rostbinde) sitzen alle Augenflecke nahe am Flügelrand. Versuche haben gezeigt, daß sich Vögel täuschen lassen und nach diesen falschen Augen picken. Das erhöht die Überlebenschance des flüchtenden Falters.

Wenn die Augenmuster im Kampf ums Dasein wirklich einen so lebensentscheidenden Auslesevorteil bedeuten, daß manch Übereifriger darin die „Ursache" ihrer Entstehung sehen möchte, wie in aller Welt möchte man erklären, daß es seit Jahrmillionen Schmetterlinge ohne jedes „Auge" auf den Flügeln gibt, die dennoch nicht der Selektion zum Opfer fallen und aussterben?

Doch damit keineswegs etwa genug der Rätsel um die falschen Augen! Beim Samtfalter werden sie erst sichtbar, wenn er die Flügel zusammenlegt, denn sie sitzen auf der Unterseite seiner Vorderflügel nahe der Spitze. Wird er aufgeschreckt, flattert er durchaus nicht immer gleich davon, sondern hebt statt dessen nur diese Vorderflügelspitzen etwas an. Dann ragen sie über die zusammengeklappten Hinterflügel hinaus und präsentieren das „Auge". Nur: Diesmal dient es offensichtlich weniger der Abschreckung, sondern gerade im Gegenteil einer Art Verlockung zum Zubeißen – und dies wird wiederum durch eine raffinierte Irreführung des Angreifers erreicht. Viele Vögel picken nämlich stets nach dem Kopf ihrer Beutetiere, und die Augen verraten ihnen dabei die richtige Stelle. Mit dem Augenfleck an seiner Flügelspitze täuscht der Falter also einen falschen Kopf am verkehrten Körperende vor – und nachweislich mit vollem Erfolg! Ein Zoologe hat nämlich dieses Täuschmanöver nachgeahmt und eingefangenen Schmetterlingen Augenflecke auf die Flügelränder gemalt. Dann ließ er sie frei, um sie nach einiger Zeit erneut einzufangen. Dabei zeigte sich dann, daß ihre Flügelränder da, wo die falschen Augen saßen, von Vogelschnäbeln zerfetzt waren, was die Schmetterlinge aber keineswegs beim Fliegen behinderte. Sie überlebten diese Vogelattacken, weil sie sich nach dem Picken gegen die falsche Stelle rasch in Sicherheit bringen konnten. Ihre unbemalten Artgenossen dagegen hatten kaum eine Überlebenschance, denn bei ihnen pickten die hungrigen Vögel ja sofort nach dem „richtigen" Kopf!

„Die Insekten, die wir beobachteten", so schrieb bereits 1742 ein Naturforscher, „bieten uns genug wirkliche und erstaunliche Wunder. Unsere Phantasie braucht sie mit solchen nicht zu schmücken!" – Nein, wahrhaftig: Auch heute, fast zweieinhalb Jahrhunderte später, würde diese menschliche Phantasie kaum ausreichen, um sich all das auszudenken, was die lebendige Schöpfung längt verwirklicht hat!

Links oben: Augenmuster mit deutlicher „Iris" (der „Regenbogenhaut" unseres Auges entsprechend) und einem „Glanzfleck" auf der dunklen „Pupille", der einem Lichtreflex entspricht. Flügelunterseite eines Mauerfuchses.

Rechts oben: „Augenfleck" auf dem Hinterflügel eines Apollofalters. Er besteht aus Ringen verschieden gefärbter Flügelschuppen: Der äußere Ring ist schwarz, der innere rot und der zentrale Fleck weiß. Ebenfalls weiß sind die Schuppen des Flügelfeldes, in dem das „Augenmuster" liegt.

Links unten: Das Augenmuster eines Abendpfauenauges ist ein besonders kompliziertes Mosaik aus verschiedenfarbigen Flügelschuppen.

Rechts unten: Augenfleck auf dem Vorderflügel eines Tagpfauenauges. Hier ist die ganz regelmäßige Anordnung verschiedenfarbiger Flügelschuppen (weiße, blaue, schwarzbraune, rostrote) besonders gut zu erkennen.

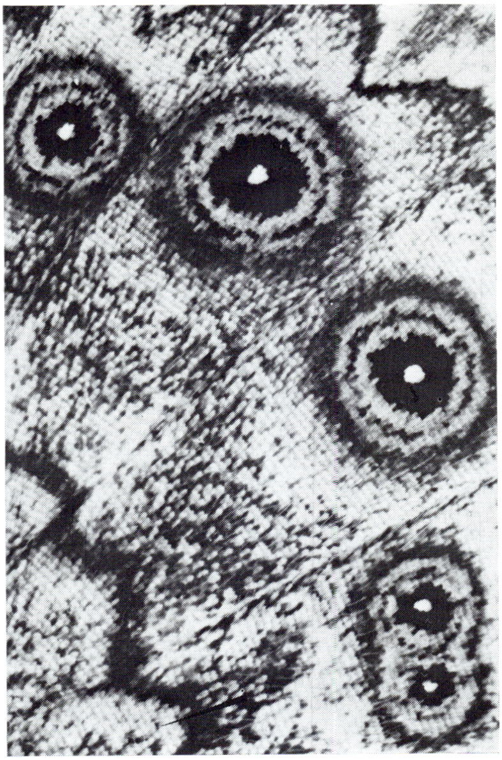
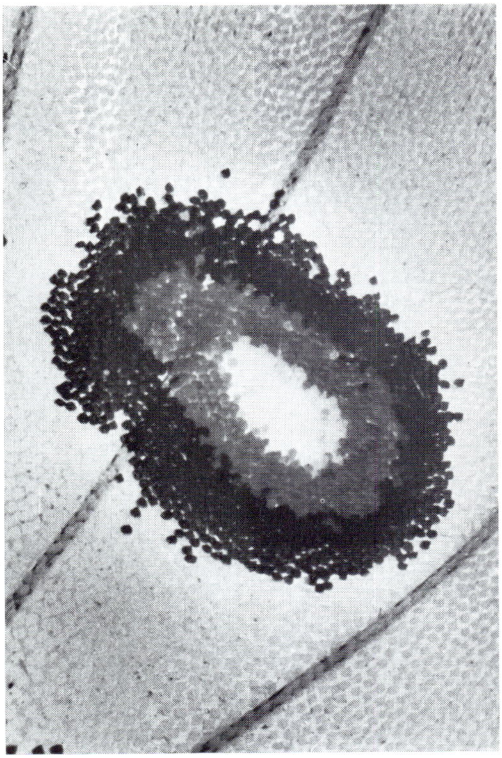
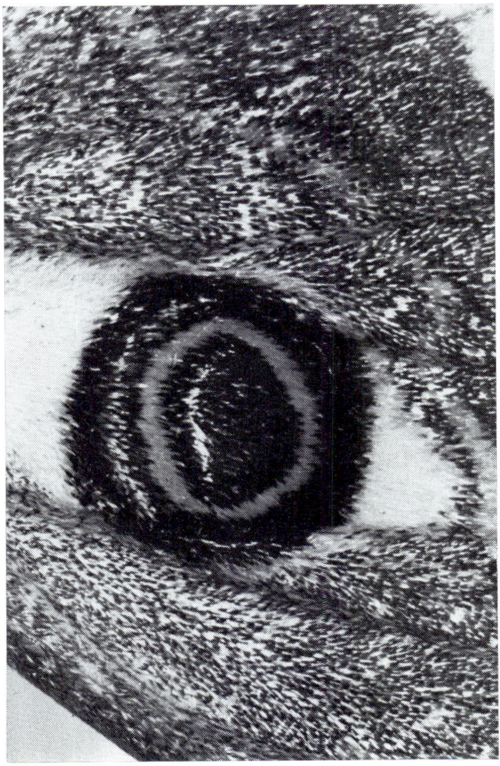
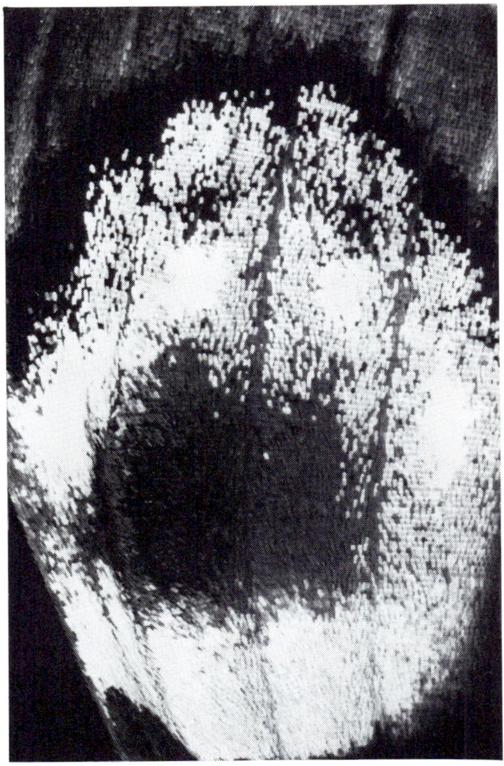

Auch der Schachbrettfalter trägt auf seinen Flügelunterseiten mehrere Augenmuster – mit „Pupille", Glanzfleck und einem helleren Irisrand!

Bei den Bläulingen fehlen die Glanzflecke in den „Pupillen". Dennoch scheinen die falschen Augen ihre Aufgabe zu erfüllen – sonst gäbe es längst schon keine Bläulinge mehr!

Fledermausradar – technisch unerreichbar!

Mit zunehmender Dämmerung wird es in der dunkel gähnenden Öffnung auf dem Boden einer schwer zugänglichen Fichtendickung plötzlich lebendig. In immer kürzeren Abständen huschen nachtschwarze Schatten hervor und verschwinden lautlos flatternd zwischen den düsteren Baumstämmen: Fledermäuse, unsere einzigen fliegenden Säugetiere, verlassen ihr Versteck und beginnen die allnächtliche Jagd auf Insekten.

Wer über Tag in den anfangs noch engen, später aber sich weitenden alten Stollen hinabklettert, macht eine überraschende Entdeckung. Im entferntesten Winkel hinter einer scharfen Biegung des Ganges hängen die schlafenden Fledermäuse kopfunter an der Felsendecke. Die langen Krallen ihrer Füße sind so dünn und spitz, daß sie selbst in haarfeinen Rissen Halt finden.

Wie sind die Tiere hierhergelangt, ohne in der völligen Dunkelheit der Höhle irgendwo anzustoßen? Wie entdeckten sie die feinen Risse im Gestein, ohne den geringsten Lichtschimmer – und das bei einer Fluggeschwindigkeit von vier, ja maximal gar zehn Metern in der Sekunde? Auch wenn es draußen so dunkel ist, daß selbst Eulen ihre nächtliche Jagd einstellen müssen, erhascht eine Fledermaus durchschnittlich 500 Insekten – das entspricht etwa in jeder siebten Sekunde ein Beutetier –, ohne an Schornsteinen, Antennen, Telefondrähten oder Zweigen anzustoßen.

Darüber, wie so etwas möglich ist, zerbrach sich bereits vor fast zweihundert Jahren der italienische Ordensmann und Naturforscher Lazzarro Spallanzani den Kopf, zumal, als er im Magen geblendeter Fledermäuse Reste von Insekten entdeckte, die von den völlig blinden Tieren selbst gefangen sein mußten. Wie war es diesen augenlosen Fledermäusen gelungen, nicht allein ihre fliegende Beute zielsicher zu schnappen, sondern nicht minder zielsicher auch wieder den Heimweg in ihren versteckten Unterschlupf zu finden? Vermögen sie das alles tatsächlich im totalen „Blindflug"?

Um dies herauszufinden, dachte sich Spallanzani eine raffinierte Versuchsanordnung aus. In einem verdunkelten Raum wurden kreuz und quer Fäden ausgespannt, an denen Glöckchen befestigt waren. Schon die geringste Berührung dieser Fäden, wenn auch nur mit einer Flügelspitze, hätte sich durch das Klingeln der vielen Glöckchen verraten. Aber als Spallanzani seine obendrein noch geblendeten Fledermäuse starten ließ, blieb alles still. Sie waren also tatsächlich imstande, ohne auch nur das Geringste zu sehen, selbst dünne Fäden irgendwie wahrzunehmen – allerdings nur so lange, bis ihnen die Ohren durch Wachs verstopft wurden. Danach war ihnen offensichtlich keinerlei Orientierung mehr möglich, und es klingelte ununterbrochen, weil die Tiere allenthalben gegen die ausgespannten Fäden stießen.

Hören die Fledermäuse etwa, wie das ,,Flugfeld" vor ihnen beschaffen ist? Spallanzani konnte zu seiner Zeit freilich noch keine Antwort auf diese berechtigte Frage finden. Heute jedoch, im Zeitalter der Radartechnik, wissen wir, daß so etwas durchaus möglich ist. Selbst Fäden, deren Durchmesser unter einem Millimeter liegt, können die Fledermäuse, wie neuere Versuche zeigten, sicher umfliegen – also wahrnehmen. Erst wenn der Fadendurchmesser bei 0,12 Millimetern oder noch darunter liegt, beginnt es dem Tier schwerzufallen, ihn noch auszumachen. Allerdings können auch wir einen solchen Faden höchstens dann noch erkennen, wenn er Licht reflektiert.

Es ist in der Tat eine Art Radarecho, das den Fledermäusen Hindernisse in ihrer Flugbahn verrät – seien es nun Fäden oder Beutetiere. Genau wie ein hochmodernes Radargerät ,,senden" die Tiere Wellen aus, deren Echo, von dem Hindernis zurückgeworfen und von den auffallend großen, beweglichen Ohrmuscheln aufgefangen, eine Art ,,Hörbild" des zu durchfliegenden Raumes liefert. Allerdings handelt es sich nicht, wie beim Radar, um elektromagnetische Wellen, sondern um Schallwellen. Wir können sie freilich nicht hören, denn unser Ohr nimmt nur Töne von etwa 30 bis 18 000 Schwingungen pro Sekunde wahr, während die Frequenz der von Fledermäusen, zum Beispiel den ,,Hufeisennasen", ausgesandten Ortungstöne zwischen 60 000 und 120 000 Schwingungen pro Sekunde erreicht. Die Hufeisennasen stoßen ihre Schreie durch einen seltsam geformten Nasenaufsatz aus, der sie wie ein Hohlspiegel zu einem Richtstrahl bündelt. Mit diesem Schallstrahl tasten die Tiere ihren Flugweg vor sich ab wie ein Mensch, der seinen Weg mit Hilfe eines Taschenlampenlichtkegels sucht. Kurz vor der Nasenöffnung soll der Schalldruck nach neueren Messungen so stark sein, daß die Fledermausschreie, könnten wir sie hören, fast den Lärm eines Preßlufthammers erzeugten.

Doch das ist bei weitem noch nicht das Erstaunlichste an diesem ,,Radar" unserer Hufeisennasen. Damit das Echo, das irgendein Hindernis oder ein fliegendes Beutetier rechtzeitig verrät, überhaupt gehört werden kann, sendet die Fledermaus nicht langgezogene Dauerrufe aus, sondern in rascher Folge mindestens zehn Lautstöße in der Sekunde, von denen jeder nur ewa eine zwanzigstel Sekunde dauert. So kann – genau wie beim Radargerät der Empfänger – das Ohr jeweils so lange ,,ausgeschaltet" werden, wie der ,,Sender", die Stimmbänder also, arbeitet. Andernfalls würden ja die viel lautschwächer ankommenden Echos von den ausgesandten Schreien ständig übertönt. Bereits eine tausendstel Sekunde nach dem Aussenden des Suchschreies ist das Fledermausohr wieder empfangsbereit für sein Echo – eine Leistung, hinter der unser träges Gehör weit zurückbleibt. Es handelt sich bei den Hufeisennasensuchtönen immer um eine Frequenz von exakt 83 000 Schwingungen pro Sekunde, gleichgültig, wie schnell das Tier fliegt – und genau bei dieser Frequenz liegt auch die größte Reizempfindlichkeit seines Ohres. Wie aber bringt es eine Hufeisennase fertig, so genau stets mit gleicher Frequenz, mit unveränderter Tonhöhe zu ,,orten"? Jeder weiß doch aus eigener Erfah-

Oben: Die nadelspitzen Zähne der Fledermaus sind, denen des Maulwurfs vergleichbar, vorzüglich zum Zerstückeln von Insekten-Chitinpanzern geeignet.

Unten: Die Krallen an den Füßen der Fledermaus sind derart spitz, daß das Tier selbst in haarfeinen Rissen einer Felswand noch damit Halt findet.

rung, daß zum Beispiel der gleiche Eisenbahnzug, solange er uns entgegenkommt, einen höheren Ton erzeugt als nach dem Vorbeifahren, wenn er sich wieder vom Betrachter entfernt. Er schiebt gewissermaßen vor sich die Schallwellen zusammen und erhöht dadurch ihre Frequenz und Tonhöhe, während er sie hinter sich auseinanderzieht und ihre Frequenz infolgedessen erniedrigt (Dopplereffekt). Tatsächlich benutzt die Fledermaus ein technisch schlechthin vollkommenes Regulationssystem, um diese Fehlerquelle auszuschalten: Damit ihre Ortungsrufe stets gleich hoch bleiben und fehlerfrei genau auf der Frequenz liegen, auf die ihr Ohr als „Empfänger" eingestellt ist, verringert sie die Tonhöhe, wenn sie schneller fliegt, exakt um den erforderlichen Ausgleichswert. Die Trennschärfe ihrer Hörnervenzellen ist dreißig- bis fünfzigmal größer als bei den übrigen Säugetieren. Eine Gruppe von Forschern, die sich speziell mit dieser Echoortung der Fledermäuse befaßt hat, kam unlängst erst zu dem verblüffenden Ergebnis, daß der Sendeempfangsapparat der Hufeisennase Leistungen ermöglicht, die selbst mit modernsten Radaranlagen technisch nicht zu erreichen sind: das präzise Erkennen von Größe, Form, Oberflächen- und Materialbeschaffenheit der „angepeilten" Objekte. Ja, die Wissenschaftler mußten sogar offen zugeben, daß diese unscheinbaren Tiere mit ihrem Orientierungsverfahren die Grenze des physikalisch überhaupt Möglichen erreichen und ein noch vollkommeneres System gar nicht zu verwirklichen wäre. Es wird uns, so stellen sie fest, trotz aller Errungenschaften der Physik und Technik nicht nur heute, sondern prinzipiell aus rein physikalisch-technischen Gründen niemals gelingen, etwas vergleichbar Vollkommenes zustande zu bringen.

Diese Feststellung bezieht sich vor allem auf andere einheimische Fledermausarten, die Lautstöße mit wechselnder Frequenz aussenden. Jeder ihrer kurzen, in diesem Fall nur eine fünfhundertsel Sekunde dauernden Schreie beginnt mit einer Frequenz von etwa 90 000 Schwingungen und endet mit 45 000. Die Tiere lassen also ihre Stimme dabei ein Frequenzgebiet durchlaufen, das mehr als doppelt so groß ist wie das der unsrigen. Bei Annäherung an die geortete Beute erhöht sich zudem die Zahl der pro Sekunde ausgestoßenen Rufe: bei der Mausohrfledermaus zum Beispiel von zehn bis zwölf im normalen Flug auf bis zu 300. Die Bedeutung dieser „Frequenzmodulation" ist ebenfalls aus der Radartechnik bekannt: sie ermöglicht eine besonders genaue Entfernungsmessung. Zudem vermittelt ihr Echo ein besseres „Bild" von der Größe des angepeilten Gegenstandes.

Durch Beringung von Fledermäusen hat man, genau wie bei unseren Zugvögeln, ihre „Wanderwege" erforscht. Wenn im Herbst die Insekten seltener werden, ziehen sich die Fledermäuse in ihre Verstecke zurück, meist in südlicher gelegene Höhlen, wo sie ihren Winterschlaf halten. Im Gegensatz zu den Zugvögeln handelt es sich bei ihren „Saisonwanderungen" allerdings um wesentlich kürzere Strecken von höchstens einigen hundert Kilometern. Ihr ausgeprägtes Heimfindevermögen gibt jedoch der Forschung noch viele ungelöste Rätsel auf.

Flügelunterseite eines Mauerfuchs-Schmetterlings

Die strenge Ordnung dieses Flügelschuppenmosaiks wird von Generation zu Generation weitervererbt. Die „Augen"-Flecke wirken auf Vögel, die Feinde der Schmetterlinge, abschrekkend. Verblüffend echt wirken diese Attrappen besonders durch den weiß aufgesetzten Glanzfleck inmitten der dunklen „Pupille"!

Das durch die Radartechnik inzwischen gelöste Geheimnis der ,,Blindflug"- und Ortungstechnik unserer Fledermäuse sollte zum Nachdenken anregen. Immerhin müßte es ein recht überraschendes ,,Spiel des Zufalls" sein, das da schon rein physikalisch betrachtet weitaus Vollkommeneres zustande bringt, als es der menschliche Erfindergeist jemals nachzuahmen vermag!

So hängt die Fledermaus an der Wand ihrer unterirdischen Höhle: kopfunter, nur mit den Füßen festgekrallt.

Die Zwergfledermaus ist unsere kleinste einheimische Art. Sie hat bequem auf einem ausgestreckten Zeigefinger Platz!

Mathematik am Birkenblatt

Wer nach ihm suchen wollte, um ihn bei seinem heimlichen Tun zu belauschen, der würde wohl vergeblich Stunde um Stunde den Eichenwald durchstreifen. Da ließe sich schon eher die bekannte Nadel im Heuhaufen entdekken als dieser winzige, kupferrot glänzende „Künstler" auf einem der Millionen dunkelgrünen Eichenblätter: Ein Rüsselkäfer von nur fünf Millimeter Körperlänge!

Kaum zu glauben, daß sich der kleine Bursche trotz seiner sechs Beine auf dem glatten, in der Sonne glänzenden Eichenblatt auch nur halten, geschweige denn mit solcher Sicherheit bewegen kann. Ja, mehr noch: Geht er doch mit diesem lederderben, für ihn riesengroßen Blatt um wie unsereiner mit einem Stückchen dünnen Papiers. Neben den Beinen sind die messerscharfen Kiefer seine einzigen Werkzeuge; aber im Gebrauch dieser nur mit einer starken Lupe sichtbaren Miniaturschere zeigt er wahre Meisterschaft.

Tatsächlich bedient er sich seiner Kiefer wie einer Schere, wenn er die breite Blattfläche, von einem Rand her beginnend, bis zur Mittelrippe Millimeter für Millimeter durchtrennt. Dann kommt die andere Hälfte an die Reihe, und die starke Mittelrippe mit ihren zahlreichen, saftleitenden Gefäßen wird ebenfalls angeschnitten. Nicht ganz durch und durch, versteht sich, sonst würde ja der vordere Teil des Blattes abfallen. So aber kann ihn der Käfer nach dem Ankerben leicht abknicken, und wenn er erst die seitlich von der Mittelrippe abzweigenden kräftigen Nebenadern angenagt hat, ist die Wasserversorgung dieses abgetrennten Blatteiles so gestört, daß er schnell zu welken beginnt und schlaff herniederhängt.

Darauf scheint der Kleine nur zu warten; denn was er jetzt vorhat, ließe sich mit einem frischen, festen Eichenblatt nicht so einfach bewerkstelligen. Zuerst faltet er es so, daß die Oberseiten der linken und rechten Hälfte aufeinanderliegen. Hat er diese Kraftleistung vollbracht, dann beginnt er, das gefaltete

Links oben: Von beiden Rändern seines Eichenblatts bis zur Mittelrippe hat der Eichblattroller seine Schnitte gezogen. Die Mittelrippe selbst wurde nur angenagt. Aus der ehemaligen Blattspitze hat der kleine Rüsselkäfer seinen Kokon gewickelt: ein festes Blatt-Tönnchen.

Rechts oben: Fertige Blattrolle des Birkentrichterwicklers. Die Schnittkurven stellen ein flaches (links) und ein steileres S dar und stehen in einem bestimmten mathematischen Verhältnis zur Krümmung des Blattrandes.

Links unten: In der Längsrichtung durchgeschnittener Blattwickel des Eichenblattrollers. Die welkenden Blatteile sind in enge Falten gelegt, zwischen denen 1–7 Eier verborgen liegen. Das ganze Gebilde ist etwa ein Zentimeter lang.

Rechts unten: So wickelt das Weibchen des Pappelblattrollers Blätter der Zitterpappel oder Espe zusammen. In jeder Rolle ist ein Ei verborgen.

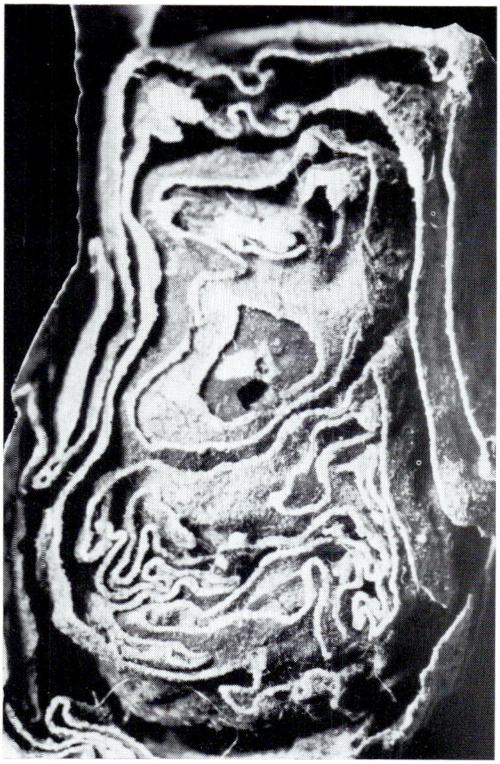

Blatt von seiner Spitze her aufzurollen. Zwischendurch werden die aufeinanderliegenden Blatteile durch eine Art Druckknopfmechanismus fest miteinander verbunden, so daß sie sich nicht mehr voneinander lösen und wieder aufrollen können.

Knapp eine Stunde hat es gedauert, bis das zierliche Tönnchen, das jetzt braun und vertrocknet vom oberen, grünen Blattrest senkrecht nach unten hängt, fertig war. Und doch fand das emsige Käferweibchen nebenbei noch Zeit, ein Ei – manchmal sogar mehrere – in dieses schützende Versteck zu legen. Es währt nicht lange, bis die Larven schlüpfen und sich an dem welkenden Blattgewebe gütlich tun. Erst wenn man ein solches Tönnchen vorsichtig mit der Rasierklinge durchschneidet, zeigt sich, welch undurchdringliches Labyrinth von Kammern und Gängen beim Wickeln entstanden ist!

Im Herbst reißt der Wind die dürren Tönnchen ab und schleudert sie auf den modrigen Waldboden. Aber erst im Frühjahr verlassen die Larven ihr Versteck, verkriechen sich zur Verpuppung in den Boden, den sie dann eines Tages im Sommer als fertige Käfer verlassen. Zielsicher, als hätten sie niemals anderes getan, fliegen die Weibchen einen Eichenbaum an. Etwas Unbegreifliches geschieht: Obwohl die Käferchen nie ihre Mutter kennenlernten oder beim Verfertigen ihrer seltsamen Puppenwiege zuschauen konnten, gehen sie sogleich ans Werk und legen nicht geringere Fertigkeit an den Tag als alle Generationen vor ihnen.

Der Pappelblattwickler ist zwar ein naher Verwandter des Eichenblattrollers, ebenso klein, aber nicht kupferrot, sondern bläulichgrün glänzend, aber sein Weibchen fertigt ihre „Kinderstuben" auf eine völlig andere Art und Weise. Allerdings stellt auch es seinem Blatt – diesmal handelt es sich, wie der Name ja schon verrät, um ein Blatt der Zitterpappel oder Espe – zunächst einmal die „Wasserleitung" ab, indem es den langen Blattstiel etwa in seiner Mitte ansticht. Dann beginnt es von der Blattspitze her die welkende Blattfläche einzurollen, so daß eine feste „Zigarre" entsteht, die im Inneren nur ein einziges, kaum mehr als salzkorngroßes Ei birgt. Für zwei Larven böte ein welkes Espenblatt sicher nicht genügend Nahrung!

Auch dem Birkenrüßler oder „Trichterwickler", einem nahen Verwandten des Eichenblattrollers, hat niemand gezeigt, wie man aus einem sorgsam zurechtgeschnittenen Birkenblatt eine zierliche, zigarrenförmige Puppenwiege rollt. Er muß, wenn er seine Schnittkurve zieht, sogar ein ganz bestimmtes geometrisches Verhältnis zur Blattrandkrümmung einhalten, sonst rollt sich die „Zigarre", in die er seine Eier abgelegt hat, wieder auf.

Oben: Von der Seite ist der ungewöhnlich lange „Rüssel" des Pappelblattrollers besonders deutlich zu sehen.

Unten: Eichenblattroller bei der Arbeit. Der kupferrote Rüsselkäfer ist nur 4–5 Millimeter lang. An der Spitze seines „Rüssels" ist einer der winzigen, aber messerscharfen Kiefer zu sehen.

Mathematiker haben diese Tätigkeit des kleinen Käfers immer wieder genau beobachtet und sogar seine fertiggewickelten Blattzigarren vorsichtig aufgerollt, um den Verlauf der beiden Schnittkurven sorgfältig studieren zu können. Das Ergebnis, zu dem sie dabei gelangten, war geradezu sensationell! Was dieser fleißige Blattroller da bis zum gewissenhaften Verschließen seiner „Kinderstube" durch Einbiegen der Blattspitze gegen die untere Öffnung des Wickels in nur einer Stunde fertigbringt, das würde bei einem Menschen, der es ihm gleichzutun versuchte, recht gediegene mathematische Kenntnisse voraussetzen.

Der Käfer beginnt immer am oberen Rand der rechten Blatthälfte und nagt mit seinen winzigen Kieferchen eine steil S-förmige Schnittkurve bis zur Mittelrippe, die er jedoch, genau wie der Eichenblattroller, nur anschneidet, so daß wiederum die Wasserzufuhr zur unteren Blatthälfte gedrosselt wird. Danach klettert er über die glatte Blattoberhaut zur linken Seite hinüber und beginnt auch hier vom Rand her eine diesmal etwas flachere Kurve bis zur Mittelrippe auszunagen. Nach den Messungen der Mathematiker entspricht das Verhältnis der steilen S-Schnittkurve zur äußeren Blattgrenze dem einer Evolvente zur Evolute, und der Verlauf der flacheren, zweiten Schnittkurve hängt wiederum ganz von dem der ersten ab!

Tatsächlich muß aus mechanischen Gründen gerade diese einmalige Schnittführung als die sinnvollste gelten, weil dadurch einerseits aus den beiden Blatthälften „Bauelemente" entstehen, die ein Zusammenrollen unter dem geringsten Kraftaufwand ermöglichen, andererseits der Wickel bei dieser Konstruktion die größtmögliche Festigkeit erhält. Das Einrollen selbst geschieht übrigens auch stets auf die gleiche Weise vom Anfang der steilen S-Kurve aus, und zwar in der Regel so, daß die Blattunterseite nach innen weist. Die linke Blatthälfte schlägt der Käfer dann wie eine schützende Decke um die bereits eingerollte rechte. Wie gesagt: Ein intelligenter Mensch müßte, um Entsprechendes zu leisten, die Huygenssche Evolutenlehre und die mathematische Theorie der konisch abwickelbaren Flächen genau studiert haben!

Der Birkenrüßler dagegen schafft dies alles ohne auch nur die geringste Spur von Intelligenz. Er weiß mit seinem winzigen Gehirn ebensowenig, was er da tut und wozu es nütze ist, wie Eichenblattroller oder Pappelblattwickler. Keiner von ihnen hat jemals etwas lernen oder auch nur üben können. Auch die Blattrolle des Trichterwicklers fällt mit den darin herangewachsenen Larven eines Tages zur Erde, die Larven verlassen sie und verpuppen sich im Boden. Genau zur rechten Zeit verlassen sie im Frühling ihr Versteck als fertigentwickelte Käfer – und alles beginnt, so wie wohl schon vor Jahrtausenden, wieder von vorn.

Wir nennen dieses dem Tier gegebene Können Instinkt. Ein schönes, ein recht gelehrt klingendes Wort – aber eine Erklärung gibt es uns nicht!

Der Unermüdliche – radioaktiv!

Man sagt ihm nach, er sei ein Asozialer, ja der Prototyp des Asozialen schlechthin! Wer jedoch durch eine von Maulwurfshaufen übersäte Wiese stolpert, dem mögen berechtigte Zweifel kommen an dieser so ganz und gar nicht schmeichelhaften Unterstellung. Kann denn ein gesellschaftsfeindlicher Einzelgänger und Eigenbrötler sein, wer gemeinsam mit zahlreichen Artgenossen in diesem offensichtlich weitverzweigten unterirdischen Ganglabyrinth haust? Niemals wäre doch ein Maulwurf, und sei er auch der stärkste, für sich allein imstande, so zahlreiche Gänge zu graben und derartige Mengen an „Abraum" auf die Erdoberfläche zu schaffen!

Und doch: Wir wissen es ganz genau, daß die unerwartete Begegnung zweier Maulwürfe in einem der verschlungenen Höhlengänge unweigerlich zum erbitterten Kampf um Leben und Tod führt. Aber glücklicherweise kommt es recht selten zu solchen Tragödien im Verborgenen, trotz gemeinsamer Benutzung aller Lauf- und Jagdgänge. Lange Zeit blieb dieses Rätsel ungelöst, da es bisher niemandem gelang, Maulwürfe unter annähernd natürlichen Bedingungen im Käfig zu halten – und in ihr unterirdisches Reich kann ihnen ja kein Beobachter folgen. Zwar war es möglich, Maulwürfe wie Vögel zu beringen und dadurch festzustellen, daß die über der Erde so plump und schwerfällig wirkenden Tiere unterirdisch Entfernungen bis zu einem Kilometer, ja in Ausnahmefällen sogar bis zu vier Kilometer zurücklegen, aber sehr viel mehr vermochte man auch mit dieser Methode über ihre Lebensweise nicht herauszubringen. Bis einer findigen Zoologin der geniale Einfall kam, Maulwürfe radioaktiv zu „markieren". Sie brauchte ihnen ja nur mit Spuren radioaktiver Substanz infizierte Engerlinge zum Fressen auszulegen – und schon wenig später begann das Geiger-Müller-Zählrohr über der Stelle zu knattern, wo sich der Maulwurf gerade in seinem Gangsystem aufhielt! Auf diese Weise konnte jede seiner Bewegungen nach Richtung und Geschwindigkeit bequem verfolgt werden, und es sollte sich herausstellen, daß des genannten Rätsels Lösung ebenso einfach wie raffiniert war.

Das Leben unseres Maulwurfs verläuft, das haben die „Beobachtungen" radioaktiver Tiere mit dem Zählrohr gezeigt, nach einem festgelegten Rhythmus. Jeweils nach viereinhalb Stunden des Jagens, Umherlaufens oder Grabens legt er eine Ruhepause ein, die genau dreieinhalb Stunden dauert. Mit der Zeit spielt sich im gemeinsam benutzten unterirdischen Höhlensystem so etwas wie eine „Hausordnung" ein: Die „Aktivitätsrhythmen" der einzelnen Tiere überschneiden sich so, daß Begegnungen höchst selten sind, weil das eine schläft, während das andere, unmittelbar in der Nachbarschaft wohnende, auf die Jagd geht. Engerlinge, Käfer, Schnecken, Asseln – alles, was unter der Erde krabbelt und wühlt, ist dem Maulwurf willkommene Beute. Wer

Oben: Über dem Schnee verraten frische Erdhaufen, daß der „Unermüdliche“ auch in der kalten Jahreszeit aktiv bleibt!

Unten: Die Erde durchstößt der Maulwurf mit seinem breiten Nacken. Seine spitze Nase wäre dafür viel zu empfindlich.

täglich das Anderthalbfache seines eigenen Körpergewichtes von etwa 80 Gramm fressen muß, hat damit schon seine liebe Not. Allerdings: Für den wirklichen Notfall sorgt unser Maulwurf auf eine Weise vor, die wir ihm trotz aller Konservierungstechniken nicht nachmachen können. Er versteht es nämlich, lebendige Regenwürmer in einer unterirdischen Höhlenkammer so zu „stapeln", daß sie ihm nicht mehr davonkriechen können. Wenn er ihnen eine ganz bestimmte Anzahl von Körperringen abbeißt, sind die Opfer gelähmt und können weder flüchten noch verderben, denn sie leben ja noch! Über 1200 solcherart verstümmelte Regenwürmer wurden schon einmal in einer einzigen Vorratskammer entdeckt. Sie wogen zusammen mehr als zwei Kilogramm.

Nicht von ungefähr dient unser Maulwurf immer wieder als Musterbeispiel für die Vollkommenheit des Tieres. Nichts, aber auch nicht die geringfügigste Kleinigkeit mangelt ihm, um sein verborgenes Leben in selbstgegrabenen Höhlen und Gängen führen zu können. Wie eine Walze ist sein kleiner Körper geformt, ohne hervorragende Schulter- oder Beckenpartie, so daß er nirgends anstoßen oder gar steckenbleiben kann auf seinen unterirdischen Pfaden. Der Kopf läuft vorn keilförmig zu, und seine Schnauze endet mit einer knorpeligen „Wühlspindel", die ihm erlaubt, sich in die lockere Erde regelrecht hineinzubohren.

Dabei gestattet ihm das samtartig kurze Fell gleichermaßen das Vorwärts- wie Rückwärtslaufen, weil es keinen „Strich" hat und sich deshalb kein einziges Erdkrümchen darin verfangen kann. Wenn man bedenkt, daß die engen Gänge dem Tier kein Umdrehen gestatten, wird die Bedeutung dieses Samtfells klar. Es bedeckt zudem die kaum mohnkorngroßen Augen und schützt sie ebenso wie die verschließbaren Ohröffnungen vor eindringender Erde. Zu sehen braucht unser Maulwurf ja doch nichts in seinen nachtdunklen Gängen. Übrigens fehlen ihm auch Ohrmuscheln, die ihm beim Graben und Wühlen nur hinderlich wären. Sein breiter Kopf liegt ja immer dicht an den Erdwänden, so daß die Schallübertragung direkt durch die Schädelknochen aufs Innenohr erfolgt – und stamme das kaum wahrnehmbare Geräusch auch nur von den wurzelzernagenden Kiefern eines Engerlings. Auch die statt nach vorn nach unten gerichteten Mund- und Nasenöffnungen können sich während des Wühlens im Boden nicht verstopfen. Nein, nichts ist hier vergessen, alles ergänzt sich gegenseitig zu einem schlechthin idealen Geschöpf, wunderbar seinem Lebensraum und seiner Lebensweise angepaßt.

Die Vorderfüße, eigentlich mehr breite Scharrhände, gleichen mit ihren langen Nägeln den Greifern eines Baggers. Dagegen sind die auffallend kräftigen Armknochen nur kurz, denn so läßt sich eine günstigere Hebelwirkung beim Graben erreichen. Auch unsereiner faßt ja den Spaten kurz, wenn es gilt, einen schweren Erdbrocken auszustechen. Mit diesen starken Armen und Händen gräbt sich unser Maulwurf in einer Tiefe von 10 bis 40, im Winter auch 60 Zentimetern oder gar einem Meter, nicht nur in einer Minute 20 Zentimeter weit in die Erde ein, er stemmt auch den dabei anfallenden „Abraum" damit hoch – und zwar bis zum Zwanzigfachen seines eigenen Körpergewichts auf einmal. So schafft er in 20 Minuten bis zu sechs Kilogramm Erde an die Oberfläche – wenn auch nicht mit dem Maul, denn damit hat sein Name tatsächlich nichts zu tun. Er kommt von Mullwurf, dem Aufhäufen von Mull oder Mulm, lockerer Erde also. Seine Rüsselspitze wäre für diese gewiß anstrengende Tätigkeit viel zu schwach und zudem als superfeines Empfindungsorgan für alle Bodenerschütterungen mit ihren 150 000 Nervenenden auch zu empfindlich.

Bedarf es eigentlich noch einer besonderen Hervorhebung, daß unser Maulwurf auch alle erforderlichen, genauestens zu seinem Körperbau und seiner Lebensweise passenden Instinkte besitzt? So legt er „instinktiv" in steil abwärts führenden Gängen, in denen sich das Grundwasser sammelt, regelrechte Brunnen an, und überhaupt: er „kann" eben alles, was er braucht!

Sogar im Winter kann man dem Unermüdlichen begegnen, denn er gehört nicht zu den Glücklichen, die unsere unwirtliche Jahreszeit verschlafen. Freilich: Er läuft nicht etwa auf der verharschten, glatten Schneefläche herum, zumal er selbst im Sommer nur selten einmal seine unterirdischen Gänge für kurze Zeit während der Nacht verläßt. Doch die braunen Erdhaufen, über dem weißen Schnee noch auffallender als im Sommer zwischen grünem Gras, ver-

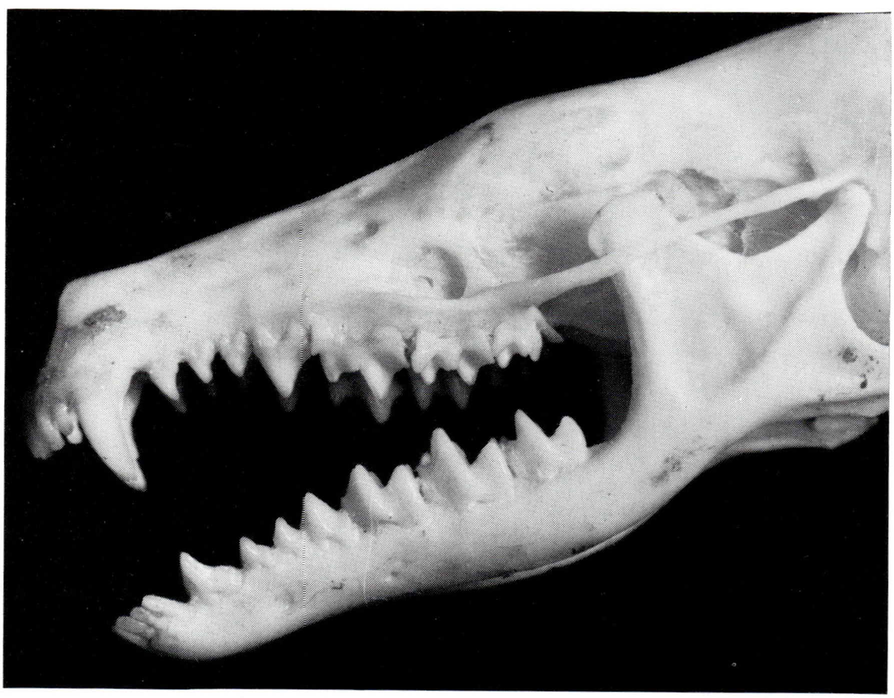

Die Maulwurfzähne sind echte Insektenfresserzähne, die mühelos selbst harte Chitinpanzer durchbohren.

Der ideale Höhlenbewohner! Nirgends steht ein Körperteil vor, und das strichlose Fell erlaubt Vorwärts- wie Rückwärtslaufen.

raten unmißverständlich seine Anwesenheit. Wenn es wegen des Grundwassers nicht möglich ist, daß er sich bei Frost tiefer in das schützende Erdreich einwühlt, dann häuft er besonders viel lockeren Boden über seinem sorgsam ausgepolsterten Nest auf, der ihm als vortreffliche Isolierschicht die Kälte buchstäblich „vom Leib hält". Nahezu zwei Meter im Durchmesser kann solch eine „Sumpfburg" erreichen und dabei fast einen Meter über die Erde oder den Schnee hinausragen.

Ob wohl der Philosoph Graf Hermann Keyserling an den Maulwurf gedacht hat, als er vor nunmehr über 50 Jahren in sein Tagebuch schrieb: „Tiere sind immer vollkommen, immer ganz das, was sie sein könnten; sie sind ein erschöpfender Ausdruck ihrer Möglichkeit."?

Aber schließlich gilt dies ja für alle Tiere – und auch für alle Pflanzen, nur: es wird uns eben nicht immer mit der gleichen Eindringlichkeit vor Augen geführt wie gerade vom Maulwurf. Aber wer wundert sich schon über diesen lästigen Verderber glattflächiger Mähwiesen, auch wenn er durch sein Ungeziefervertilgen zu den nützlichen Tieren gehören mag? Seltsame Menschen sind wir, die sich nur noch über Dinge wundern können, die unvollkommen sind! Ein Maulwurf mit den Kletterinstinkten eines Eichhörnchens, ja, das würde uns wohl in Erstaunen setzen! So selbstverständlich, so alltäglich also sind uns die Wunder der Schöpfung geworden!

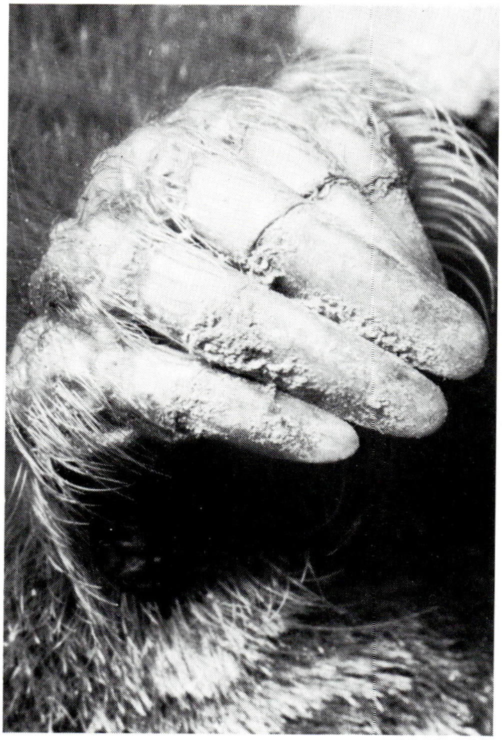

Die Hand des Maulwurfs gleicht mit ihren überlangen Fingernägeln einer Baggerschaufel – und genauso wird sie auch benutzt.

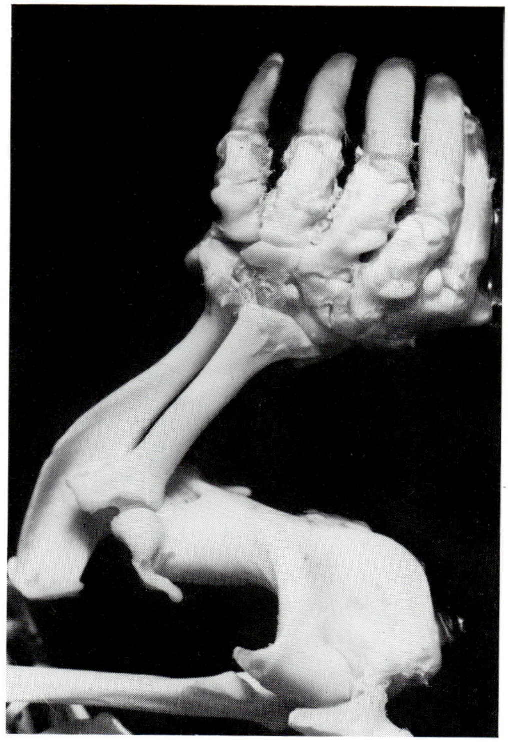

Das Skelett der Maulwurfhand und des Armes läßt die günstigen Hebelverhältnisse gut erkennen. Der auffallend lange Ellbogenfortsatz ist der Kraftarm des Baggerhebels.

Spinnen sind doch bessere Architekten!

„Pfui, Spinne!"

Ja, so ausgeprägt ist unser Abscheu vor den düsterfarbigen Krabblern mit ihren langen, borstig behaarten Beinen, daß er als Ausruf des Ekels bereits zum Sprichwort wurde! Ganz gewiß würden die meisten Menschen weit lieber einen fremden Hund streicheln, selbst wenn er knurrt und gar die Zähne fletscht, als eine kleine Spinne anfassen. Fragt man sie jedoch nach der Ursache dieser seltsamen Furcht, besteht ihre Antwort meist in einem etwas verlegenen Schulterzucken. Es läuft einem halt so eine Gänsehaut über den Rükken, wenn man der Spinne auch nur ansichtig wird! Dahinter verbirgt sich, wie so oft bei ganz spontanen Reaktionen, über die wir uns weiter nicht den Kopf zerbrechen, ein uraltes, instinktives Erbe. Spinnen sind nun einmal Gifttiere, und wenn uns auch keine der einheimischen Arten ernsthaft durch ihren Biß gefährden kann, so gibt es doch ohne Zweifel so etwas wie ein angeborenes Erschrecken, eine mit geradezu automatenhafter Sicherheit schadenverhütende Abwehrreaktion – jener vergleichbar, die uns auch vor Schlangen zurückschrecken läßt, und seien es auch nur ungiftige Nattern.

Zugegeben, ein Pferd, ein edles Vollblutreitpferd gar, ist „schöner" als jede Spinne. Sein ganzer Körper wirkt ebenmäßiger und klarer gegliedert. Aber wer eine Spinne, irgendeine unserer einheimischen Kreuzspinnen etwa, unter der Lupe betrachtet, der wird, wenn er ganz objektiv bleibt und seine Vorurteile wenigstens kurzfristig überwinden kann, auch ihr „Schönheit" zugestehen müssen. Freilich – sehen wir einmal ab von den vielgestaltigen Zeichnungsmustern der Tiere – eine Schönheit besonderer Art. Sie kommt, allerdings bei Spinnen wohl noch auffälliger als bei anderen Lebewesen, in der vollkommenen Übereinstimmung von Körperbau und Lebensweise zum Ausdruck – in jener „Echtheit der Konstruktion", wie man die vollendete Harmonie zwischen Gestalt und Zweck einmal nannte.

An einer Spinne ist nichts Unvollkommenes, es mangelt ihr an keiner „technischen" Einrichtung, die sie für ihre absonderliche Lebensweise benötigt. Möglicherweise kam einem der Architekten, die das „teuerste Dach der Welt" über dem Münchener Olympiastadion planten, der entscheidende Einfall für seine kühne Konstruktion beim Anblick tauglitzernder Baldachin-Spinnennetze, wie man sie im Herbst allenthalben zwischen Fichtenzweigen, Grashalmen und den Ästen niedriger Büsche ausgespannt findet. Tatsächlich erinnern diese seidenen „Baldachine" sowohl in ihrer Gestalt als auch in der Art ihrer Aufhängung und Verankerung an das Olympiastadiondach, wenn auch an eines, das sozusagen auf dem Rücken liegt. Nur: Ihr Baumaterial schrumpft weder unter dem Einfluß der Sonnenhitze noch dem der ersten

Nachtfröste. Es verändert auch niemals seine blendend silberweiße Farbe, und nicht einmal dann, wenn heftige Windböen an den elastisch federnden Haltetauen zerren, zerreißt es. Trotz seiner Leichtigkeit und Luftdurchlässigkeit läßt es die Regentropfen wie ein imprägniertes Zeltdach abperlen, so daß seine Erbauerin, die unscheinbare, kaum einen Zentimeter lange Baldachinspinne, die stets mit dem Rücken zur Erde an der Unterseite hängt, nicht naß werden kann. All diese Probleme, die den Konstrukteuren des Stadiondaches so viel Ärger bereiten sollten, haben unsere Baldachinspinnen offensichtlich bereits vor Jahrmillionen in technischer Vollkommenheit gelöst! Keiner, auch nicht der allermodernste Kunststoff, hält einen Vergleich mit der Spinnflüssigkeit aus, die jede Spinne in Drüsen ihres Hinterleibes erzeugt. Eine ganz gewöhnliche Kreuzspinne kann mehrere, chemisch deutlich verschiedene Spinnsubstanzen bilden, je nachdem, ob der daraus zu verfertigende Faden mehr zerreißfest sein soll, wie zum Beispiel die „Haltetaue" des Netzes, oder aber mehr dehnbar wie die klebrigen „Fangfäden". Aus insgesamt mehr als 500 winzigen Röhrchen, beileibe nicht einfach nur Löchern wie in einer Gießkannenbrause, preßt das Tier die sofort zu dünnen Fäden erstarrende Spinnmasse der gerade benötigten chemischen Zusammensetzung. Erst 200 davon, zusammengedrillt wie Einzelfasern eines Drahtseils, ergeben einen Faden von Menschenhaardicke. Keine von unseren Technikern entwickelte künstliche Spinndüse vermag Fäden, zudem verhältnismäßig reißfeste, von solcher Feinheit zu produzieren. Wo man sie jedoch braucht, muß man sie sich also von den Spinnen verfertigen lassen. So liefert ausgerechnet die gefährliche, wegen ihres tödlichen Bisses besonders gefürchtete „Schwarze Witwe" die Spinnfäden für Fadenkreuze optischer Präzisionsgeräte wie zum Beispiel extra leistungsfähiger Zielfernrohre.

Die Spinne, die gleichzeitig beliebig viele ihrer Düsenöffnungen in Betrieb nehmen und damit die jeweilige Fadendicke stark variieren kann, verfügt nicht nur über alle zur Herstellung verschiedenster Fadensorten erforderlichen Drüsen und „Spinnwarzen", sie kann auch, ohne es je lernen zu müssen, ihr artgemäßes Netz aus diesen Fäden flechten. Keine Kreuzspinne zum Beispiel lernt ja ihre Eltern kennen, denn die sterben, lange bevor die Jungtiere aus dem Ei schlüpfen. Nirgendwo also könnte sie sich die besondere Technik des Kreuzspinnennetzbaues „abgeguckt" haben. Und doch bauen alle Kreuzspinnen nach dem gleichen, angeborenen „Kreuzspinnenplan".

An der Unterseite des schräg aufgehängten, noch unfertigen Netzes knüpft die Spinne ihre „Fangspirale". Selbst wenn sie trotz ihrer kammartigen Kletterklauen einmal abrutschen sollte, kann sie also niemals ins eigene Netz fallen und sich selbst darin fangen. Ein besonderer „Kniff" verhindert das rasche Eintrocknen des ebenfalls aus Hinterleibsdrüsen abgeschiedenen Fangleims.

Die weiße Krabbenspinne hat ihrem Opfer – einer Fliege – im ebenfalls weißen Blütenstand eines Korbblütlers aufgelauert. Durch ihre Tarnfärbung ist sie kaum zu erkennen – oder doch erst, wenn es für das Opfer bereits zu spät ist.

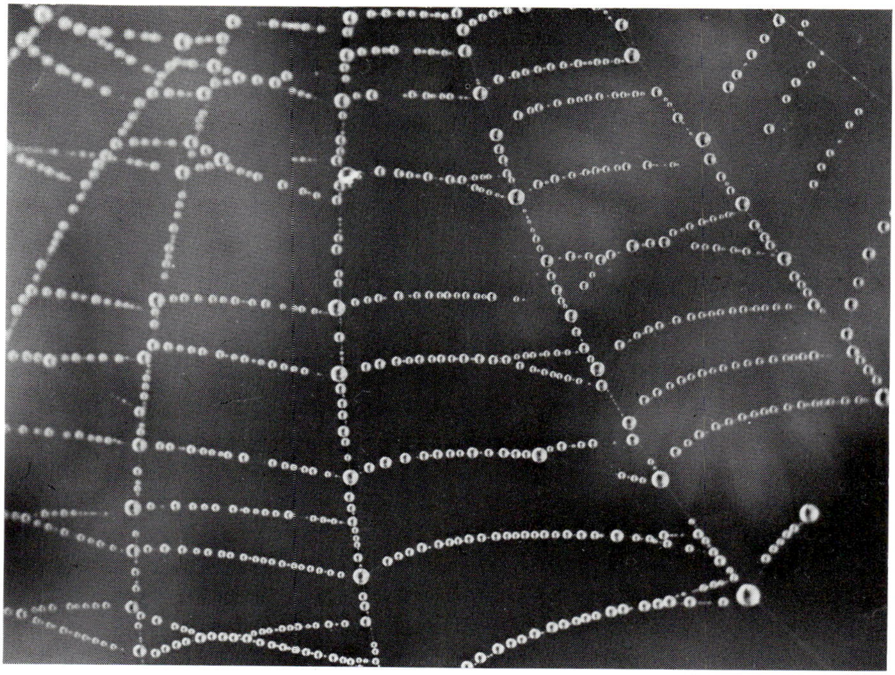

Oben: Tautropfen im Netz einer Radspinne im Herbst.

Unten: Netz der Baldachinspinne. Es wird – wie ein Baldachin – waagerecht aufgehängt und vertäut und gleicht in der Form einem auf den Rücken gekehrten Münchener Olympiastadiondach. Auch die Baldachinspinnen fangen ihre Opfer nicht mit Leimfäden, sondern warten, bis sie sich im dichten Fadengewirr über ihrem Baldachin verirrt haben. Meist hängt die Spinne mit dem Rücken nach unten unter ihrem Baldachin.

Zunächst sind die Fangfäden noch gleichmäßig in dünner Schicht davon überzogen. Die Spinne zupft jedoch vor dem endgültigen Anknüpfen jeden zwischen zwei Radspeichen stramm wie eine Violinsaite ausgespannten Abschnitt des Fangspiralfadens an. Dadurch gerät er in schnelle, surrende Schwingungen, so daß der Leim in winzigen, exakt gleich weit voneinander dem Faden aufsitzenden schimmernden Tröpfchen zusammenfließt. Tropfen aber verdunsten wegen ihrer sehr viel kleineren Oberfläche weit weniger rasch als eine gleichmäßig dünne Leimschicht auf dem Fangfaden. So klebkräftig ist dieser Spinnenleim, daß sich selbst ein starkes Insekt wie etwa eine Heuschrecke nicht mehr aus eigener Kraft befreien kann. Im Gegenteil: Alles verzweifelte Zappeln bewirkt nur die Berührung immer neuer Klebefäden und damit eine immer stärkere Verstrickung in der tödlichen Falle. Durch einen besonderen „Signalfaden", der vom Netz zu ihrem Unterschlupf führt und den sie mit einem ihrer acht Füße gespannt hält, wird die Kreuzspinne aus ihrer Ruhe geweckt. Als „geräuschloser Wecker" überträgt dieser Faden alle Erschütterungen des Netzes durch die Befreiungsversuche des gefangenen Opfers auf das Spinnenbein. Rasch kommt daraufhin das Tier aus seinem Versteck hervor, fesselt seine Beute kunstgerecht mit Spinnfäden und schlägt dann erst seine Giftklauen in den nun völlig wehrlosen Körper. Dabei strömt ein lähmendes und rasch tötendes Gift aus der Giftdrüse durch einen Giftkanal, der sich seitlich hinter der Spitze öffnet. Ganz genauso ist eine ärztliche Injektionsnadel konstruiert. Nur dadurch gleitet nämlich die Öffnung in die Biß- oder Stichwunde, ohne sich dabei zu verstopfen – was unausweichlich der Fall wäre, säße sie mitten in der Spitze.

Auch hier also wurde schon vor Jahrmillionen die Lösung einer technischen Aufgabe in der lebendigen Schöpfung vorweggenommen, die, freilich ohne es auch nur zu ahnen, der denkende Mensch mit all seiner Vernunft in Wirklichkeit nur wiederentdeckte, aber nicht neu „erfand".

Das Spinnengift steht übrigens dem der Kobraschlange keineswegs an Wirkung nach. Glücklicherweise ist die Giftmenge, die beim Biß einer Spinne in unsere Haut gelangt, nur sehr gering. Zudem reicht die „Injektionsnadel" des Spinnenkiefers auch nicht aus, um dieses Hautgewebe bis in größere Blutgefäße hinein zu durchbohren. Übrigens: Fressen im eigentlichen Sinn können die Spinnen ihre Beutetiere nicht. Sie lassen vielmehr Verdauungssäfte durch die Bißwunde in den Körper des Opfers fließen, die es unter seinem widerstandsfähigen Insektenhautpanzer auflöst. Dann braucht die Spinne diese „Bouillon" nur noch aufzuschlürfen! Kein Wunder also, daß die Überreste einer Spinnenmahlzeit noch wie unversehrte Insekten aussehen, jedoch säuberlich leere Hüllen sind, so leicht, daß man sie ohne Anstrengung in die Luft blasen kann!

Die Baldachinspinnen fangen ihre Opfer ohne Leimfäden. Das dichte Gewirr zahlloser Haltefäden über dem waagerechten Baldachin stellt auch für größere Insekten, die sich verfangen haben, ein unentrinnbares Labyrinth dar, in dem sie sich ausweglos verstricken. Unter ihrem ,,Zeltdach" hängend, wartet die Spinne geduldig auf die verräterischen, durch vergebliche Befreiungsversuche ihrer Beutetiere hervorgerufenen Erschütterungen. Unsere Wolfsspinnen jagen völlig ohne Netz und schlagen ihre Opfer wie der hetzende Wolf.

Dabei sind gerade die Wolfsspinnenweibchen vorbildliche Mütter! Auf einen aus Spinnseide gewebten, winzigen ,,Teppich" legen sie etwa 200 Eier, über die sorgsam eine genau dazu passende Seidendecke gebreitet wird. Erst dann kommt das schwierigste Stück Arbeit. Der Teppich wird von seiner Unterlage gelöst und mit der Decke an den Rändern ,,vernäht". Auf diese Weise entsteht ein etwa erbsengroßer Seidenkokon, eine pillenförmige Kinderstube, die sich unsere Wolfsspinne fest an den Hinterleib heftet und, obwohl sie beinahe so groß ist wie sie selbst, fortan mit sich herumschleppt. Sobald die Jungspinnen aus den Eiern geschlüpft sind, platzt der Kokon, und alle 200 klettern auf den Rücken ihrer Mutter, die sie, die vorerst keinerlei Nahrung zu sich nehmen, noch über geraume Zeit mit sich herumträgt – beladen wie ein Londoner Doppeldeckerbus!

Kaum minder um ihren Nachwuchs besorgt zeigen sich die Weibchen der Flaschenspinne, auch wenn sie ihre Kleinen nicht mit sich herumtragen. Das ist auch nicht nötig, denn sie bauen ihnen ein festes ,,Haus", in dem sie wohlgeborgen bleiben, bis sie völlig selbständig geworden sind. Zunächst allerdings sieht diese Kinderwohnung noch gar zerbrechlich aus: ein zartes Seidengespinst von der Gestalt eines Weinglases, das mit seinem Stiel an einem Grashalm hängt. ,,Feenlämpchen" hat der Volksmund diese winzigen, weißen Kokons treffend genannt. Doch lange zeigen sie diese verräterische Farbe nicht. Emsig eilt die Spinnenmutter auf einem eigens dafür bis zur nächsten Pfütze ausgespannten Faden hin und her, schleppt kleine Schlammpartikel herbei und verputzt ihren Seidenkokon regelrecht mit diesem rasch trocknenden, unauffälligen Anstrich. So wird er kaum noch einem vorübereilenden Feind auffallen und besitzt zudem eine harte, nur schwer zu durchdringende Kruste. Im Innern hat unsere Flaschenspinne zuvor noch einen seidenen Zwischenboden eingezogen und in die obere Etage an die 200 Eier gelegt. Wenn die Jungen geschlüpft sind, wandern sie ins Parterre, in ihre ,,Häutungskammer", wo sie sich aufhalten, bis sie sich endgültig den Weg in die Freiheit durch den ,,Außenputz" brechen.

Verglichen mit den Wolfsspinnen verstehen es die Krabbenspinnen, die nicht nur wie Krabben aussehen, sondern ebenso seitwärts laufen, sich das Jagen auf oft recht raffinierte Weise zu erleichtern. Sie rennen ihren Opfern nicht nach, sondern lauern ihnen auf. Zu diesem Zweck suchen sie sich, als wüßten sie genau über die Lebensweise nektarsuchender Insekten Bescheid, eine Blüte aus, in deren Grund sie dann reglos verharren. Verblüffenderweise wählen sie stets solche Blüten oder Blütenstände, zu denen ihre eigene Körperfarbe paßt, so daß ihre Tarnung vollkommen ist: gelbe Krabbenspinnen

Oben: Eingang der Behausung einer Röhrenspinne. Sie kommt sofort heraus, wenn sich ein Opfer in dem dichten, aber leimlosen Fadengewirr verstrickt hat.

Unten: Die Wolfsspinnenmutter trägt ihre „Kinderstube", eine „Seidenpille", bis zum Schlüpfen der Jungen mit sich herum.

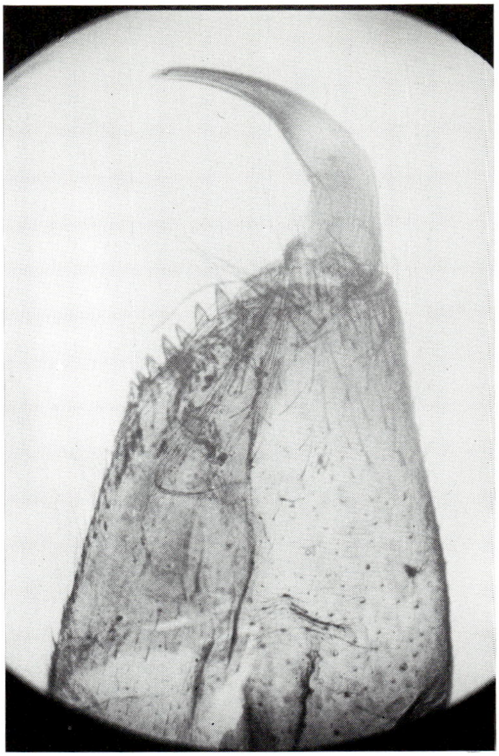
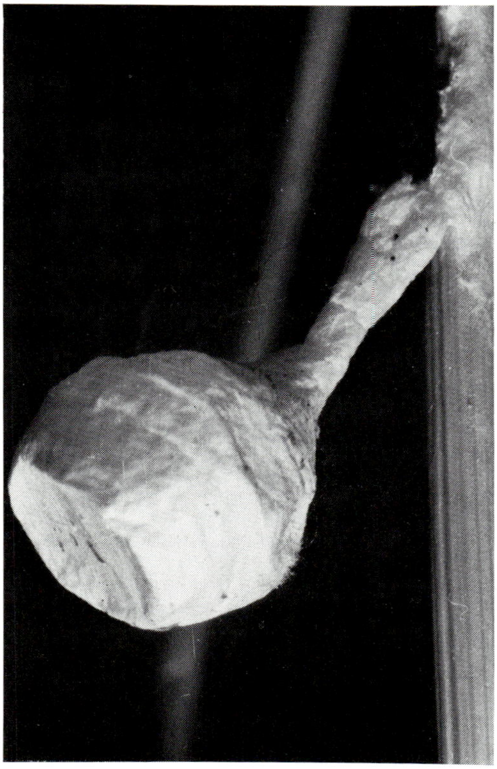
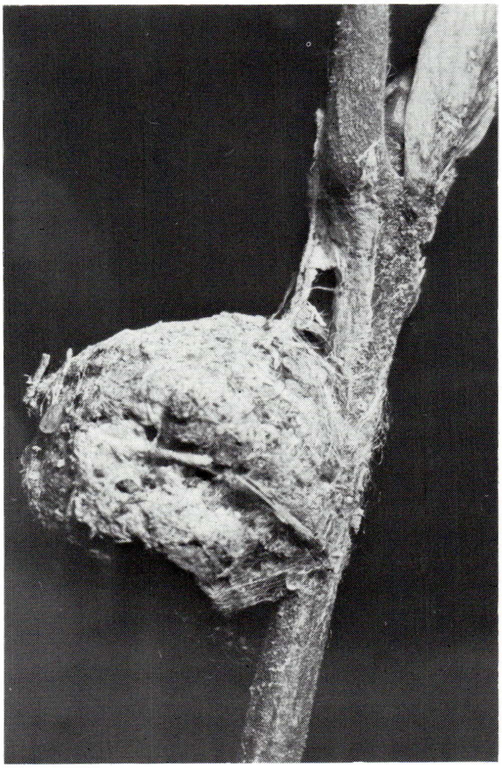

sitzen in gelben, weiße in weißen Blüten! Infolgedessen erkennen sogar recht farbentüchtige Blütenbesucher wie unsere Bienen die tödliche Gefahr erst, wenn es bereits zu spät ist und der geduldige Mörder seine Giftklauen in ihren weichen Nacken bohrt. Am unglaublichsten ist freilich, wie eine in Ostasien heimische Krabbenspinne ihre Opfer, diesmal sind es Schmetterlinge, überlistet. Da diese Schmetterlinge gern an Vogelexkrementen saugen, ahmt sie minuziös ein Häufchen Vogelmist nach. Dazu webt sie auf einem Blatt ein möglichst unregelmäßig gerundetes Seidenpolster, das völlig dem weißen Rand um die üblicherweise dunklere Mitte eines solchen Häufchens gleicht. Ja, mitunter täuscht sie sogar durch eine tropfenförmige Ausbuchtung dieses Randes den halbflüssigen Zustand dieses Teils des Exkrements nach und setzt sich dann, als dunkler und festerer Mittelteil, oben auf ihr „Kunstwerk". Um jeden Schmetterling, der sich auf diesem vermeintlichen Vogelexkrement niederläßt, ist es in Windeseile geschehen!

Die Mannigfaltigkeit der „Erfindungen" im Spinnenreich scheint unerschöpflich. Jedes dieser zu Unrecht verachteten Tiere verfügt über alle artgemäßen Instinkte, die genauestens zu seiner Organausstattung passen. Nirgendwo findet sich da auch nur der kleinste „Fehler". Die südamerikanischen Bolaspinnen fangen Schmetterlinge, indem sie ihnen Seidenfäden mit einem Leimtropfen am Ende zielsicher entgegenschleudern, und die Falltürspinnen bauen ausgeklügelte Labyrinthgänge in den Erdboden, mit undurchdringlichen, hinter den Opfern zuschlagenden Türen aus besonders starker Spinnseide.

Nein, häßlich, verachtenswert gar, ist kein Geschöpf – auch keine Spinne. Wir haben im Gegenteil allen Grund, gerade die Spinnen ganz besonders zu schätzen. Eine Spinnenvolkszählung in England führte zu dem erstaunlichen Ergebnis, daß auf nur anderthalb Morgen Wiesenland etwa zweieinviertel Millionen dieser Tiere leben! Auf jedem durchschnittlichen Stück Ackerland jagen etwa neun Millionen Spinnen Tag und Nacht Insekten. Ein britischer Forscher hat ausgerechnet, daß allein durch auf dem Erdboden jagende Spinnen in England und Wales jährlich 200 000 000 000 000 Insekten getötet werden.

Links oben: Mit Hilfe dieser Kammklauen an ihren Beinen kann eine Kreuzspinne ohne abzurutschen auf den dünnen Fäden ihres Netzes herumlaufen.

Rechts oben: Einer der beiden einander gegenüberstehenden Giftzähne einer gewöhnlichen Hausspinne. Er läßt sich wie die Klinge eines Taschenmessers aus- und einklappen. Die winzigen Kieferzähnchen neben seiner Basis dienen zum „Kneten" der Opfer und zum Festhalten.

Links unten: Das „Feenlämpchen" der Flaschenspinne Agroeca vor dem „Verputzen".

Rechts unten: Und so sieht das Feenlämpchen nach dem Verputzen mit feuchter Erde aus!

Vielleicht kann man sich mehr darunter vorstellen, wenn man das Gewicht dieser unermeßlichen Zahl von Schadinsekten (und ein Insekt wiegt weiß Gott nicht viel!) ausrechnet. Dann gelangt man zu dem kaum glaublichen Ergebnis, daß die Insektenmenge, die jährlich in England und Wales durch Erdspinnen vertilgt wird, bei weitem mehr wiegt als die gesamte menschliche Bevölkerung dieses Landes – einschließlich aller Großstädte wie London, Manchester, Liverpool und viele andere!

Ist es da wirklich noch Übertreibung, wenn behauptet wird, ohne die „verhaßten" Spinnen könnten gar keine Menschen auf unserer Erde leben, da ihnen die schädlichen Insekten nichts von ihren Ernten übrigließen?

Verblüffende „Technik" der Unkräuter

Aus dem Jahre 1490 ist uns eine merkwürdige Skizze des italienischen Meisters Leonardo da Vinci, des berühmten Malers der Mona Lisa und des Abendmahles, überliefert. An einem großen, über ein Holzgestell ausgespannten pyramidenförmigen Zelt hängt eine menschliche Gestalt. Ganz ohne Zweifel handelt es sich hierbei um einen Fallschirm – um den ersten seiner Art, der von einem genialen Techniker erdacht wurde. Leonardo trug sich ja zeitlebens mit dem kühnen Gedanken, eine Flugmaschine zu konstruieren. Er hat uns nicht allein entsprechende Zeichnungen und mathematische Berechnungen hinterlassen, sondern auch sehr eingehend den Körperbau von Fledermäusen und Vögeln studiert, um hinter das Geheimnis ihrer Flugkunst zu gelangen.

Daß er den Fallschirm „erfunden" hat, dürfen wir jedoch zu Recht bezweifeln. War doch der vielseitige Leonardo auch ein vorzüglicher Botaniker, der die Pflanzen nicht allein malte, sondern sich ebenso intensiv mit ihren „technischen" Einrichtungen beschäftigte. Viele sehen in ihm gar den Begründer der modernen botanischen Wissenschaft, dem es um das Aufspüren von Lebensgesetzen ging und nicht mehr, wie vor seiner Zeit, lediglich um die Verwendung der Pflanzen in der Heilkunde. So konnten ihm denn die raffinierten technischen Einrichtungen, deren sich zahlreiche Pflanzen bedienen, um ihre Früchte und Samen möglichst weit zu verbreiten, kaum verborgen bleiben. Die Früchtchen des durchaus nicht seltenen Wiesenbocksbartes dürften es gewesen sein, die ihn auf die Idee einer Fallschirmkonstruktion brachten. Vermutlich hat er sie behutsam von ihren seidigen Schirmchen gelöst und dann beide, Früchtchen wie Schirmchen, getrennt gewogen, um ihre Gewichtsverhältnisse zu bestimmen und danach die Größe des Schirmes zu berechnen, der einen erwachsenen Menschen zu tragen vermag. Nicht nachahmen konnte er freilich den leichten Stoff, aus dem diese Miniaturschirme gebaut sind – ebensowenig seine feinen Webstrukturen, und so sollte es noch einige Jahrhunderte dauern bis zum ersten Fallschirmflug eines Menschen! Allerdings: Auch diese Nachahmung eines Naturvorbildes wirkt plump und reichlich unvollkommen, wenn man sie mit dem Original vergleicht. Kein noch so ausgeklügelt konstruierter Fallschirm schwebt auch nur annähernd so lang und weit wie die Schirmfrüchte eines Wiesenbocksbartes oder ganz gewöhnlichen Löwenzahns – und keiner bringt seine Last so sanft zu Boden! Wer sich die Mühe macht, einmal allen Voraussetzungen nachzuspüren, die erfüllt sein müssen, damit diese Blumen ihr Ziel auch wirklich erreichen und ihre Samen möglichst weit verbreiten können, der kommt aus dem Staunen wahrlich so leicht nicht heraus. Da gibt es aber auch nicht die geringste Kleinigkeit, die nicht von Anfang an „vorberücksichtigt", ja, man möchte geradezu sagen:

weise eingeplant wäre! Bereits wenn sie in der dunklen Geborgenheit lückenlos dicht zusammenschließender Hüllblätter heranreifen, bilden die Früchtchen des Bocksbarts ebenso wie die des Löwenzahns winzige Widerhaken auf ihrer nachdunkelnden Schale, spitze, nach rückwärts gerichtete Höckerchen, die sich später einmal irgendwo im lockeren Erdreich verhaken und dadurch wirksam verhindern, daß der „gelandete Fallschirm" erneut vom Wind davongetragen wird. Genauso lange wächst jedes dieser Früchtchen und speichert – wiederum „vorsorglich" – Nährstoffe für die Zeit des Auskeimens, bis es sein Idealgewicht erreicht hat, exakt jenes Gewicht, das der Fallschirm weit genug zu tragen vermag. Die Stielchen der Schirme hören nicht minder exakt genau in dem Augenblick auf zu wachsen, in dem sie ihre ideale Länge erreicht haben. Nur in diesem Fall können ja die ausgebreiteten Schirmchen an ihrem Ende später eine lückenlose, geometrisch vollkommene Kugeloberfläche bilden. Wären diese Stielchen auch nur um ein geringes zu kurz, so kämen die Schirmchen ins Gedränge, würden sich gegenseitig beschädigen und knicken. Wüchsen sie aber noch weiter, und sei es auch nur um einen Millimeter, dann entstünden Lücken zwischen den Schirmchen, die es schon dem leisesten Windhauch ermöglichten, ihre Früchte aus der „Verankerung" zu lösen. So aber ist das, wegen der allseitig geschlossenen, idealen Kugelfläche nur kräftigeren Windstößen möglich, solchen also, die auch zugleich eine weite „Frachtstrecke" garantieren! Die seitlichen „Verstrebungen" der Schirmflächen, dem Gestänge eines Regenschirmes vergleichbar, dürfen freilich auch nur so lange wachsen, daß sie sich später, auseinandergespreizt, gerade eben gegenseitig noch berühren. Alle diese Wachstumsvorgänge sind also minuziös koordiniert, sinnvoll aufeinander abgestimmt – und das lange bevor sich bei trockenem Wetter die verbergenden, schützenden Hüllblätter öffnen. Erst dann nämlich falten sich die bis jetzt eng zusammengepreßten Schirmchen auseinander, und siehe da: keines von ihnen steht am verkehrten Platz, nicht ein einziges ist falsch proportioniert!

Auch was die alten Griechen erst im 4. Jahrhundert vor Christus „erfanden" und die Römer später von ihnen ohne wesentliche Verbesserung übernahmen, war bei unscheinbaren Kräutern des Feldes und Waldes bereits Jahrmil-

Links oben: Auch die Löwenzahnfrüchtchen haben Widerhaken. Ihre „Fallschirme" sind einfache Haarkränze.

Rechts oben: Die Früchte des Wiesenbocksbarts sind die vollkommensten Fallschirme. Auch sie haben Widerhaken, so daß sie, einmal gelandet und mit der Erde in Berührung, nicht erneut vom Wind davongetragen werden.

Links unten: Der reife Fruchtstand einer Löwenzahnpflanze bildet eine nahezu regelmäßige Kugel. Die Stiele der Schirmchen wachsen genauso lange, bis alle Schirmchen genau lückenlos auf einer Kugeloberfläche stehen.

Rechts unten: Die beiden letzten Flugfrüchtchen auf dem Fruchtboden eines Habichtskrauts. Ihnen genügen zum Fallschirmflug seidenweiche Haare, die zu einem pinselartigen Schopf angeordnet sind.

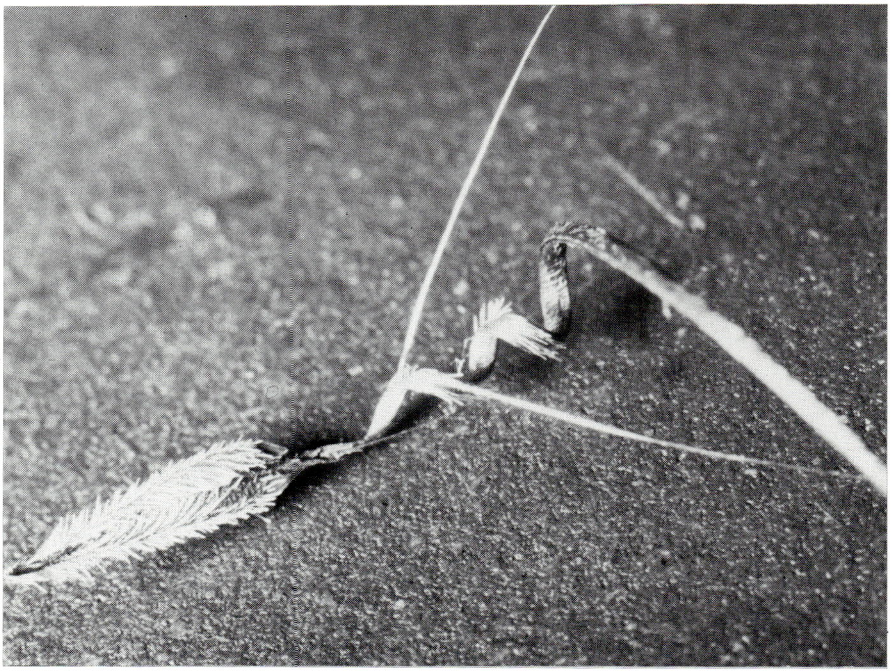

lionen zuvor in technischer Perfektion verwirklicht: das Schleudergeschütz. In den Kriegen der Athener auf Sizilien und den Kämpfen des sizilianischen Tyrannen Dionysos (405–357 vor Christus), durch Schillers Ballade hinlänglich bekannt, deckten ganze Batterien von Steinwurfmaschinen die Angriffe. Ingenieure Alexanders des Großen entwickelten sogar zusammensetzbare Geschütze, die sich leichter transportieren ließen. Ein hölzerner Hebel, an dem eine Schleuder mit der Steinkugel befestigt war, wurde durch Darmsaiten gespannt und von einem Riegel festgehalten. Zog man diesen Sperriegel weg, schnellte der Hebel gegen ein Polster, und die zwischen drei und zehn Pfund schwere Steinkugel wurde fortgeschleudert. Onager, Halbesel, wurden diese Steingeschütze genannt, weil die Bewegung des hölzernen Hebels an das Ausschlagen eines Maultiers erinnerte. Dank der Rekonstruktionen, die nach den überlieferten Beschreibungen möglich waren, wissen wir heute, daß sie einen vier Pfund schweren Stein über 300 Meter weit schleudern konnten! Erstaunlicherweise schleudert unser gewöhnlicher Storchschnabel, dieses weitverbreitete Unkraut, seine Samen auf eben diese Maultierweise fort und erobert sich dadurch neue Standorte – wenn auch ohne Darmsaiten und Sperriegel. Allein schon der Umstand, daß sich seine Wurfschleuder im richtigen Augenblick von selbst betätigt, macht sie der menschlichen „Erfindung" weit überlegen – ganz davon abgesehen, daß sie diese plumpen Wurfmaschinen an Reichweite bedeutend übertrifft, wenn man ihre Größe entsprechend berücksichtigt. Fast fünf Meter weit schleudert die unscheinbare Pflanze ihre Samen! Während in jedem ihrer fünf Fruchtknoten ein solcher Samen heranreift, trocknen die zum „Storchenschnabel" lose vereinigten Griffel allmählich aus. Weil dabei ihre Zellwände schrumpfen, entsteht eine ständig wachsende Spannung. Zuletzt wird sie so stark, daß an einem sonnigen Tag der erste ausgedörrte Griffel plötzlich nachgibt, sich von den anderen losreißt und den zur trockenhäutigen Samenhülle gewordenen Fruchtknoten in die Höhe wirft wie ein ausschlagendes Pferd seinen Huf. Da diese Samenhülle rechtzeitig vorher aufgeplatzt war, wird der nun freiliegende Samen hinausgeschleudert. Die erforderliche Spannung in dem Griffel-Hebelarm setzt einen geradezu ausgeklügelt anmutenden Feinbau seiner Zellwände voraus. Sie setzen sich aus mehreren Zelluloseschichten zusammen, deren Fasern sich, vergleichbar einer Sperrholzplatte, von Lage zu Lage unter ganz bestimmten Winkeln kreuzen. Hier sind sie nun gerade so orientiert, daß eine Zugspannung in der Längsrichtung herrscht und die „vorsorglich" rechtzeitig aufgeplatzte Frucht kraftvoll nach oben gerissen wird.

Oben: Die Frucht des Reiherschnabels bohrt sich wie ein kleiner Korkenzieher selbst in die Erde.

Unten: Auch die seidigen Fallschirmfrüchtchen des Wiesenbocksbartes bilden, wenn sich der reife Fruchtstand entfaltet, eine lückenlose Kugeloberfläche. So kann der Wind nicht „angreifen", bevor die Vollreife eingetreten ist und die Früchtchen nur noch locker auf dem ehemaligen Blütenboden sitzen.

In den Zellwänden der Fruchtschalen unseres Feldstiefmütterchens sind die langen Zellulosefasern wiederum so ausgerichtet, daß die drei Fächer der geöffneten Frucht, die wie winzige, überladene Boote aussehen, sich während des Austrocknens zusehends verschmälern müssen. Dadurch geraten die glattschaligen, dunklen Samen unter immer stärker werdenden Druck, der schließlich ausreicht, um sie, einen nach dem anderen, erstaunlich weit fortzuschnippen. Nach der gleichen Methode kann man ja etwa einen Kirschkern fortschnippen, der zwischen Zeigefinger und Daumen immer kräftiger gepreßt wird. In den Zellwänden der Ginster- und Wickenhülsen sind die Zellulosefasern derart raffiniert angeordnet, daß sich die aufgeplatzten Hülsenhälften beim Austrocknen schraubenartig zusammendrehen. Dadurch gerät nach und nach jedes der runden Samenkörner zwischen die Ränder dieser Hülsenhälften, die es, während sie sich mehr und mehr einander nähern, immer stärker unter Druck setzen, bis es endlich mehrere Meter weit fortgeschnippt wird. Man müßte in der Tat schon recht langwierige Berechnungen und Experimente durchführen, wollte man aus übereinandergeleimten Platten verschiedener Faserrichtung ein entsprechendes Modell bauen, das ebenso fehlerfrei funktioniert!

Eine nicht minder ausgeklügelte Fasernkreuzung bewirkt auch, daß sich die Früchtchen des Reiherschnabels, der dem Storchschnabel nah verwandt ist, sozusagen selbst pflanzen. Sie bohren sich buchstäblich in die lockere Erde hinein, wenn der lange Griffel, an dem sie immer noch festsitzen, sich beim Trocknen schraubig einrollt. Auch hierbei ist nicht die geringste Kleinigkeit „vergessen": Lange, steif nach rückwärts gerichtete Borsten an dem spitzen Früchtchen machen es zu einer Art Miniharpune, die sich zwar immer tiefer in den Boden hinein, aber nicht mehr herausdrehen läßt. Auch in der verblüffenden Vielfalt der Möglichkeiten, ihre Früchte und Samen zu verbreiten, zeigt uns die lebendige Schöpfung einen unerhörten Reichtum. Nirgends begnügt sie sich mit nur e i n e r Lösung des Problems. Stets geht ihre Mannigfaltigkeit weit über das Nur-Notwendige hinaus. Auch den Gleit- und Schraubenflug haben die Pflanzen „erfunden", um ihre Früchte und Samen zu befördern, ebenso den „Rettungsring", luftgefüllte Zellen, mit deren Hilfe die Samen von Wasserpflanzen schwimmend durch die Strömung davongetragen werden. Andere wieder verleiten durch eine verlockende Verpackung in wohlschmekkendes Fruchtfleisch Vögel zum Verzehren ihrer Früchte – und geben den darin versteckten Samen eine unverdauliche, harte Schale mit auf den Weg durch die Verdauungsorgane der Tiere! Das Schöllkraut heftet jedem der glänzendschwarzen Samenkörner in seinen Schoten ein süßschmeckendes, ölhaltiges weißes Anhängsel an, das die Ameisen besonders schätzen. Während sie daran herumknabbern, verschleppen sie die ganzen Samen bis in entlegenste Mauerritzen, wo sie später ungefährdet auskeimen können.

Schleuderfrüchte des Storchschnabels. Aus der rechtzeitig vorher aufgeplatzten Fruchtschale wird der Samen etwa fünf Meter weit herausgeschleudert.

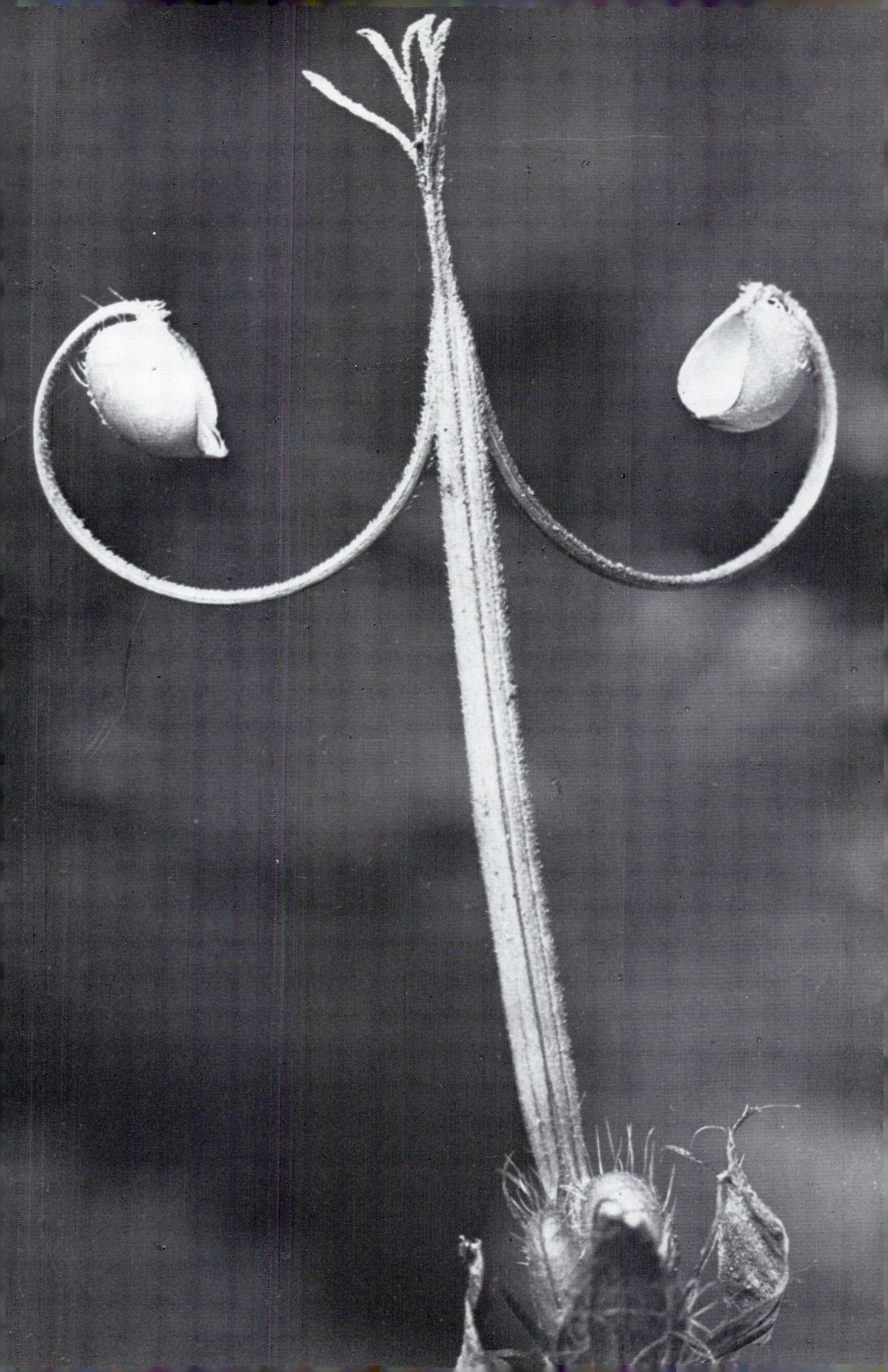

Nach dem Onager haben die Römer ihre Schleudergeschütze genannt. Er schlägt genauso aus wie der Schleuderhebel eines solchen Geschützes und wie die Storchschnabelfrucht!

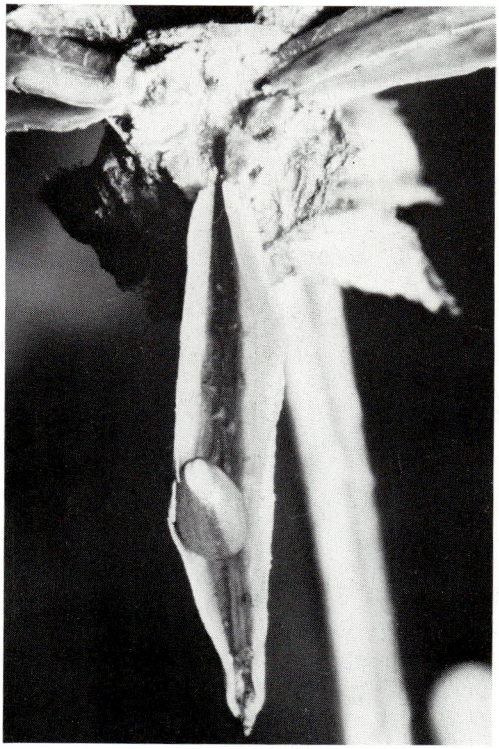

Auch das letzte Samenkorn des Feldstiefmütterchens wird bald zwischen die sich einander immer mehr nähernden Fruchtschalenwände geraten und durch deren Druck weit fortgeschnippt.

In keinem einzigen Fall aber ist irgendwo irgendein Fehler unterlaufen. Stets ist die „Technik" schlechthin vollkommen – und sei es auch nur bei einer gewöhnlichen Mohnkapsel. Wenn der Wind ihren schlanken Stiel hin und her schüttelt, werden nach und nach alle 50 000 Samenkörnchen wie die Salzkristalle aus einem Salzstreuer herausgeschleudert. Einfach auf die Erde hinabrieseln, wo sie doch nicht genügend Platz zum Keimen und Heranwachsen fänden, können sie nicht, denn die Poren, die sich erst bei der Reife öffnen, befinden sich „richtig" am oberen Ende, unter einem vor Nässe schützenden „Dach". „Obwohl der Mensch mit seinen geistigen Fähigkeiten eine Vielzahl von Erfindungen macht", schrieb vor mehr als 400 Jahren Leonardo da Vinci in sein Tagebuch, „wird er keine Erfindung ersinnen, die die Natur an Schönheit, Einfachheit und Unmittelbarkeit übertrifft, denn bei ihren Schöpfungen fehlt nichts, und nichts ist überflüssig!"

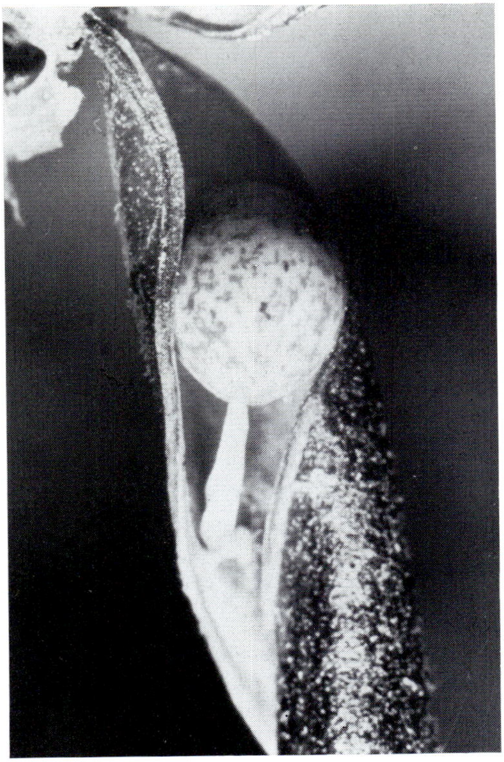

Links oben: Die weißen Anhängsel an den schwarzen Schöllkrautsamen verleiten Ameisen dazu, sie fortzuschleppen und dadurch zu verbreiten.

Oben: Schraubenartig drehen sich die trocknenden Wände der Wickenhülse zusammen. Zuletzt wird ihr Druck auf den eingeklemmten Samen so stark, daß er oft mehr als 5 Meter weit fortgeschleudert wird.

Links: Aufgeplatzte Frucht eines Feldstiefmütterchens. Wie Boote sehen die Teile aus, in denen die glänzendschwarzen Samen dicht gedrängt nebeneinander sitzen. Wenn die Wände dieser „Boote" austrocknen und zusammenschrumpfen, wird der Druck zwischen den glatten Samen immer stärker, bis schließlich einer nach dem anderen fortgeschnippt wird.

Ordnung – Geheimnis alles Lebendigen

In manchen Gegenden nennen die Bauern das unscheinbare Pflänzchen nur verächtlich ,,Milchdieb", und das nicht einmal zu Unrecht. Jahrhundertealte Erfahrung hat sie gelehrt: Wenn sich dieses Kraut auf ihren Wiesen breitmacht, bleibt das Gras klein und schütter, so daß die weidenden Kühe nicht satt werden und weniger Milch geben.

Heute wissen wir längst, daß hierbei durchaus nicht irgendein verborgener Zauber am Werk ist, wie man vor Zeiten vermutete, als der Frankfurter Arzt Adam Lonicer im Jahre 1679 in seinem ,,Kreuterbuch" von dieser Pflanze schrieb: ,,An etlichen Orten nennet man sie Teuffelsblumen." Nein, es ist nicht Teufelswerk, das hier die Gräser verkümmern läßt. Die ,,Teufelsblumen" saugen nämlich das lebensnotwendige Naß nicht, wie andere Pflanzen, mit fein verzweigten Wurzeln aus der Erde. Sie machen es sich sozusagen bequemer und dringen mit zahlreichen Seitenwürzelchen in die stärkeren Wurzeln der Wiesenpflanzen ein, denen sie dann mit Hilfe rundlicher ,,Saugwarzen" Wasser und Nährstoffe entziehen. Die Botaniker sprechen deshalb von ,,Halbschmarotzern" – aber auch das klingt eigentlich kaum schöner als ,,Milchdieb"!

Wer sich jedoch die kleinen Blüten dieses ,,Unkrauts" einmal durch ein Vergrößerungsglas betrachtet, der braucht wohl nicht lange darüber nachzugrübeln, warum man ihm trotz seiner nachteiligen Eigenschaften doch auch einen recht schönen Namen gegeben hat: Augentrost! Oder sieht diese Blüte nicht in der Tat wie ein strahlendes weißes Auge aus, mit dunkler Pupille und langen, seidigglänzenden Wimpern? Früher glaubte man, Gott habe den Menschen durch diese Augenähnlichkeit einen unmißverständlichen Hinweis geben wollen: Dies ist ein Kraut, das Augenleiden heilen kann! Mag man solches auch als mittelalterlichen Aberglauben belächeln, Tatsache ist, daß nicht nur die alte Volksmedizin verschiedene Augenkrankheiten mit dem Saft des Pflänzchens und allerlei daraus bereiteten Arzneien erfolgreich behandelt hat. Nein, heute noch wird die aus der ganzen Pflanze bereitete Essenz in der homöopathischen Praxis bei Augenleiden verwendet! Gewiß, ein seltsames Zusammentreffen! Aber ebenso gewiß reicht die Annahme eines rein zufälligen Zusammentreffens all der vielen komplizierten Einrichtungen, die zur Bestäubung der Augentrostblüte nun einmal unerläßlich sind, nicht aus, um sie damit glaubwürdig zu erklären. Dafür ist denn doch alles viel zu exakt einander zugeordnet. Größe wie Gestalt der einzelnen Blütenteile, ihre Anordnung und Lage zueinander, der genaue Zeitplan, nach dem sie heranreifen und im richtigen Moment ihr weiteres Wachstum einstellen – das alles muß ja ohne den geringsten Fehler sein! Schon die kleinste Änderung im Zeitplan oder in den Proportionen der Blütenteile würde die Bestäubung der Narbe und damit die

Junge Blüte des Augentrosts von der Seite. Das auf ihrer „Unterlippe“ gelandete Insekt muß sich, um an den Nektar zu gelangen, unter der Narbe am Ende des weit hervorragenden Griffels hindurchzwängen.

Ältere Augentrostblüte von vorn. Griffel und Narbe sind bereits welk. Die als „Landeplatz“ für Insekten dienende Unterlippe weist mit ihren dunklen Saftmalen den Weg zum Nektar in der Kronröhre. In ihrem Eingang recken die schwarzen Staubbeutel zwei weiße Hebelchen nach unten. Wenn das Insekt sie berührt, reißen die Staubbeutel auf und bepudern es mit Blütenstaub.

Samenbildung unmöglich machen. So aber wächst zunächst einmal der Griffel und schiebt die knopfige Narbe weit aus der anfangs noch geschlossenen Blüte hervor. Dann erst öffnet sich die Kronröhre, die „Oberlippe", die das Blüteninnere wie ein Regendach vor Tau und Nässe schützt, wölbt sich nach hinten, die vielzipflige „Unterlippe" rollt sich wie eine breite Landetreppe aus und bietet sich den vorbeifliegenden Insekten als bequemen Sitzplatz an. Aber nicht genug damit: Sie markiert diesen Landeplatz auch noch zusätzlich durch einen auffälligen, sattgelben Fleck in ihrer Mitte, den Leuchtfeuern eines modernen Flugplatzes durchaus vergleichbar! Die dunkelvioletten Streifen auf Ober- und Unterlippe, die „Wimpern" des „Auges", laufen alle an einer Stelle zusammen – am Eingang zur Blütenkronröhre, der Pforte zum begehrten Nektar, der dort tief drinnen abgesondert wird. Daß diese „Saftmale" tatsächlich Wegweiser für die Insekten sind, konnte durch entsprechende Experimente zweifelsfrei nachgewiesen werden. Doch sind sie – wie so vieles in der lebendigen Schöpfung! – den Wegweisern an unseren Straßen technisch weit überlegen. Sie strömen nämlich zusätzlich noch einen feinen Duft aus, so daß schon der Geruchsinn allein genügte, um die Nektarquelle auch sicher zu finden. Was gäben wohl Autofahrer im dichten Nebel, der selbst die Namen auf den Ortsschildern unleserlich macht, darum, könnten sie durch ebenso angenehme Duftsignale darüber informiert werden, wohin ihre Straße führt! Freilich: Mit unserer unempfindlichen Nase, die weit weniger Nuancen unterscheiden kann als die Geruchsinnesorgane der Bienen und anderer Blütenbestäuber, wäre eine derartige Lösung des Nebelfahrtproblems kaum möglich!

Ist eine Biene auf der Unterlippe unserer Augentrostblüte gelandet, folgt sie den duftenden Streifen, und während sie mit weit vorgestrecktem Rüssel den süßen Nektar schlürft, preßt sich ihr pelziger Rücken gegen die Narbe, denn die ragt von oben herab sozusagen mitten in den Weg hinein. Es kann also gar nicht ausbleiben, daß Blütenstaub, mit dem das Tier just an dieser Stelle über und über bepudert ist, an der feuchten Narbe kleben bleibt und die Bestäubung dadurch vollzogen wird. Aber wie gelangt denn dieser Blütenstaub oder „Pollen" gerade auf die „richtige" Stelle des Bienenrückens und zudem, weil Fremdbestäubung für die Arterhaltung vorteilhafter ist als Selbstbestäubung,

Links oben: Junge Blüte des Weidenröschens von vorn. Die Staubbeutel sind dem Insekt entgegengereckt, der Griffel ist rückwärts gekrümmt, die Narbe ist noch geschlossen.

Rechts oben: Ältere Blüte des Weidenröschens, seitlich geöffnet. Die Stiele der meisten jetzt leeren Staubbeutel sind nun rückwärts gekrümmt. Der Griffel ragt nach vorn als „Sitzstange" für die Insekten. Seine Narbe hat sich geöffnet.

Links unten: Junge Blüte des Weidenröschens, seitlich geöffnet. Die Staubbeutel, einige schon aufgeplatzt, recken sich dem besuchenden Insekt entgegen. Der Griffel ist noch nach hinten gebogen, die Narbe geschlossen. Selbstbestäubung ist daher nicht möglich.

Rechts unten: Ältere Blüte des Weidenröschens von vorn. Die leeren, vertrockneten Staubbeutel sind durch Krümmung ihrer Stiele nach rückwärts gewandert, der Griffel in entgegengesetzter Richtung nach vorn. Jetzt steht die nun weit geöffnete Narbe genau dort, wo zuvor die reifen Staubbeutel sich als „Sitzplatz" für Blütenbesucher anboten!

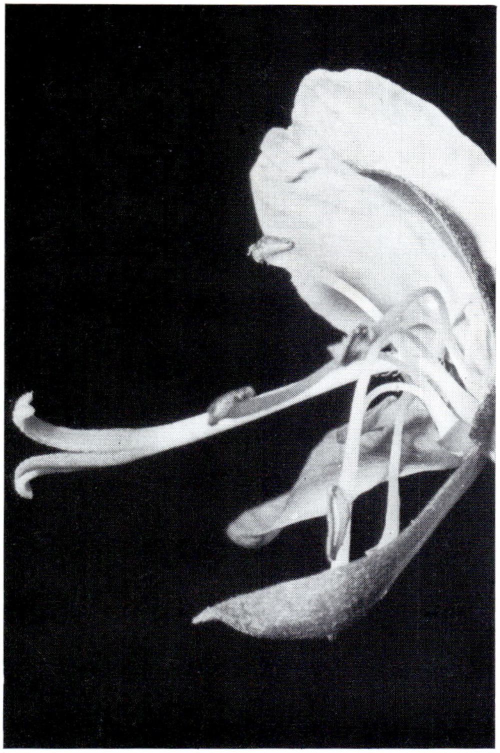

die oft überhaupt nicht zu einer Samenbildung führt, Pollen von einer anderen Augentrostblüte? Des Rätsels Lösung scheint recht einfach – wie alles Geniale! Die schwarzen Staubbeutel, die „Pupille" des „Auges", reifen später als die Narben. Fast erweckt es den Anschein, als warteten sie geduldig ab, bis diese ihre Aufgabe erfüllt haben. Dann erst schieben sie sich an ihren seltsam gekrümmten Stielchen dicht unter der bergenden Oberlippe so lange vor, bis ihre beiden weit nach unten ragenden weißen Hebeldorne ebenso den besuchenden Insekten im Wege stehen wie zuvor die Narbe am inzwischen längst verdorrten Griffel. Der breite Bienenrücken preßt sie auseinander, ohne daß das nektargierige Tier etwas davon merkt. So stark ist die Hebelwirkung, daß die dünnhäutigen Beutelchen aufreißen und ihr trockener, feinkörniger Blütenstaub auf den Bienenrücken herabrieselt – zielsicher genau auf jene Pelzhaare, die beim nächsten Besuch einer jüngeren Blüte deren Narbe berühren müssen!

Das weitverbreitete Wald-Weidenröschen macht es seinen Insektenbesuchern freilich leichter, die purpurroten Blüten schon aus der Ferne zielsicher anzusteuern. Es stellt sie zu hohen Blütenkerzen zusammen, die weithin sichtbar sind. Die Bienen und Hummeln, mitunter auch Fliegen, lassen sich auf den so einladend weit entgegengestreckten Stielchen der Staubbeutel junger Blüten nieder, um auf diese Weise ganz bequem mit gierig vorgestrecktem Rüssel den süßen Nektar zu saugen. Da diese Staubbeutel aber bereits reif und aufgeplatzt sind, bepudern sie sich ihre gesamte Bauchseite über und über mit dem hellvioletten Pollen. Allerdings: Auf der Narbe der gleichen Blüte können sie ihn nicht abstreifen und dadurch eine „unerwünschte" Selbstbestäubung herbeiführen. Diese Narbe ist nämlich, wenn die Staubbeutel reifen, sozusagen „vorsorglich" durch eine rechtzeitige Rückwärtskrümmung ihres Stielchens, des „Griffels", ganz nach hinten „aus dem Verkehr gezogen". Sie kann also zu diesem Zeitpunkt überhaupt nicht mit den Staubbeuteln selbst oder mit den pollenbedeckten Blütenbesuchern in Berührung kommen.

Doch sobald die Staubbeutel leergefegt sind, ändert sich das wie auf geheimes Kommando. Jetzt, bei diesen älteren, weiter unten an der „Kerze" sitzenden Blüten krümmen sich die Stiele der nun vertrockneten Staubbeutel langsam nach hinten, und gleichzeitig reckt sich in umgekehrter Richtung der Narbengriffel so weit nach vorn, bis schließlich die geöffnete, dreiteilige Narbe haargenau dorthin zu stehen kommt, wo sie die Insekten beim Anflug und bei der „Landung" mit ihrem pollenbedeckten Bauch berühren müssen! So ist also stets nur die Bestäubung einer älteren Blüte mit dem Blütenstaub einer jüngeren möglich!

Diese Bewegungen der Staubbeutelstiele und Griffel kommen durch stärkeres Wachstum auf ihrer einen oder anderen Seite zustande. Ungeklärt ist dabei freilich, wieso dieses Wachstum jeweils an den richtigen Stellen zur rechten Zeit beginnt und nicht minder exakt erst nach der richtigen Dauer wieder eingestellt wird!

Daß es eine geradezu unerhört komplexe Ordnung aufbauen und erhalten kann, das ist wohl die einmaligste Fähigkeit alles Lebendigen. Nirgendwo sonst entsteht eine sinnvolle Ordnung aus der toten Materie, es sei denn, der denkende, vorausschauende und vorausplanende Mensch ordnet sie auf ein bestimmtes Ziel hin, für einen besonderen Zweck. Doch selbst das unauffälligste, gewöhnlichste „Unkraut“ verwirklicht, während es aus einem winzigen Samenkorn heranwächst, ein Maß von Ordnung – und zwar gleichermaßen von sinnreicher Anordnung im Raum wie Ordnung in der zeitlichen Reihenfolge des Geschehens –, das alles uns Menschen Mögliche weit übertrifft. Das gilt ja nicht minder auch von unserem eigenen Körper, von dem der Philosoph Friedrich Nietzsche – ausgerechnet der Gottesleugner Nietzsche! – einmal sagte, es stecke weit mehr Vernunft in ihm als in all unserer menschlichen Weisheit!

Fehler in der Schöpfung?

Aber das stimmt ja alles in Wirklichkeit überhaupt nicht!

Verschließt nicht, wer stets nur auf die Vollkommenheiten, die Harmonie, Zweckmäßigkeit und Schönheit der lebendigen Schöpfung achtet, recht willkürlich seine Augen vor allem Unvollkommenen? Wer könnte denn allen Ernstes leugnen, daß es auch „Fehler" gibt, ja sogar recht auffallende Störungen der gewohnten Harmonie, Unordnung und Mißbildungen? Werden solche Mißbildungen aus dem Tier- und Pflanzenreich nicht sogar als ganz besondere Attraktionen in Museen ausgestellt: Tierschädel etwa mit krankhaft-übernormal entwickelten Zähnen oder verkümmerten Geweihen, Skelette mit überzähligen Gliedmaßen, Baumstämme mit Pflanzenkrebswucherungen oder Zweige mit bizarren, zu „Hexenbesen" verwucherten Ästchen? Ja, derartige Vitrinen scheinen auf die Museumsbesucher sogar eine besondere Anziehungskraft auszuüben!

Sonderbar: In diesen Museen sind oft mehrere tausend Tierskelette aus aller Herren Länder ausgestellt, vom Elefanten bis zur Spitzmaus, vom ausgestorbenen Riesenstrauß bis zum Sperling, vom 26 Meter langen Riesensaurier der Kreidezeit bis zur Eidechse, jedes gleichermaßen „vollkommen" – und niemand scheint sich darüber zu wundern.

All die zahllosen Spezialanpassungen der laufenden, springenden, schwimmenden, fliegenden oder unterirdische Höhlen grabenden Tiere, ihre so zweckentsprechend zum Nagen, Zerstückeln, Zermalmen oder Zerschneiden der jeweiligen Nahrung gebauten Gebisse nehmen wir einfach als Selbstverständlichkeiten hin – nur das Absonderliche, das „aus der Reihe fällt", das Mißgebildete setzt uns in Erstaunen. Sollte es nicht gerade umgekehrt sein? Ist es nicht in der Tat weit verblüffender, daß eben „normalerweise" alles in der rechten Ordnung sinnvoll und zweckmäßig ist, ob wir nun den Bau unserer Gliedmaßen betrachten oder die Sinnesorgane, das Herz oder auch nur einen Fingernagel? Wer macht sich schon Gedanken darüber, daß beide Arme oder Beine gleich lang sind oder beide Augen stets an der „richtigen" Stelle stehen?

So sehr ist uns die Vollkommenheit der lebendigen Schöpfung zur Alltäglichkeit geworden, daß wir uns nur noch über die Ausnahmen, die Unvollkommenheiten und Fehler wundern!

Oben: Doppelbildung bei einer Rosenblüte. Bei Menschen würde man in einem solchen Fall von siamesischen Zwillingen sprechen.

Unten: Doppelbildung des Dotters in einem Hühnerei.

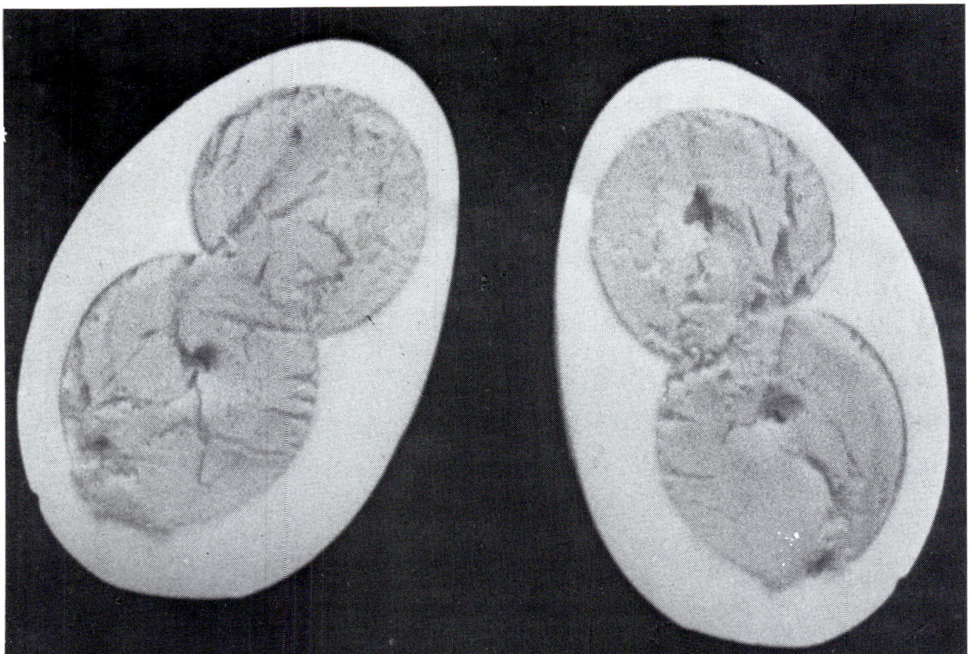

Für die Biologen allerdings bedeutet die Tatsache, daß sich aus einer winzigen, mit bloßem Auge eben noch sichtbaren Eizelle durch immer neue Teilungen schließlich ein lebensfähiger, fehlerfrei „funktionierender" Organismus von ganz bestimmter Art entwickelt, nach wie vor eines der größten Rätsel ihrer Wissenschaft. Was lenkt diese Reifungs- und Differenzierungsvorgänge so geradlinig auf ein bestimmtes, von Anfang an festgelegtes Ziel hin, was gebietet ihnen im rechten Augenblick machtvoll Halt – dann nämlich, wenn die „Endgestalt" erreicht ist, sei es nun die eines Frosches, eines Vogels, eines Elefanten oder auch nur die eines Sonnenblumenblütenbodens, einer blauen Borretschblüte oder eines Ahornblatts!

Schon vor der Jahrhundertwende experimentierte der deutsche Zoologe Hans Driesch mit Seeigellarven, um hinter dieses Geheimnis zu kommen. Er teilte frühe Entwicklungsstadien und stellte zu seiner großen Überraschung fest, daß diese Teile, die beiden Hälften eines heranreifenden Seeigels nicht nur weiterleben, sondern jede wieder zu einem ganzen, wenn auch etwas kleineren Tier auswächst. Ja, es gelang sogar, umgekehrt aus zwei miteinander zur Verschmelzung gezwungenen Eiern oder jungen Keimen ein einziges, völlig normales Tier zu erhalten. Driesch schloß aus diesen verblüffenden Ergebnissen, es müsse einen „ganzmachenden Faktor" in jedem Organismus geben, eine nichtmaterielle, zielstrebig wirkende Gestaltungsmacht, die über die organische Materie herrscht und sich ihrer souverän wie ein genialer Baumeister bedient. Sie verwirklicht, so folgerte er aus seinen langjährigen Experimenten, dieses von Anbeginn an zielstrebig verfolgte „Ganze" und führt auch dann ihren „Bauplan" bis ins letzte Detail fehlerfrei aus, wenn ihr nur die eine Hälfte der Materie zur Verfügung steht.

Der durch seine weiterführenden Experimente an Molchlarven weltbekannte Entwicklungsforscher Hans Spemann hat sich 1923 in seiner Rektoratsrede offen zu dieser gestaltenden Kraft bekannt. „Wenn es erlaubt ist, bei einem Anlaß wie dem heutigen für einen Augenblick die werktägliche Nüchternheit des exakten Forschers beiseite zu setzen", so sagte er, „so will ich bekennen, daß ich bei meinen experimentellen Arbeiten oft das Gefühl einer Zwiesprache habe, bei der mir mein Gegenüber als der bedeutend Gescheitere vorkommt."

Wie aber sind dann die doch nicht wegzuleugnenden Mißbildungen zu verstehen, die verschiedenen Doppelbildungen, „siamesische Zwillinge" zum Beispiel, von denen während der letzten 300 Jahre etwa 200, wenn auch meist nicht lebensfähig, geboren wurden? Im Altertum verehrte man sie als göttliche Wesen, im Mittelalter dagegen wurden sie als Ausgeburten der Hölle verurteilt. Heute wissen wir, daß derartige Doppelbildungen auf eine gestörte, nicht vollständige Teilung des jungen Keimes zurückzuführen sind, aus der normalerweise zwei „ganze" Individuen hervorgegangen wären, sogenannte eineiige Zwillinge.

Verbänderung des Blütenstieles bei einer Schlüsselblume.

Bei Pflanzen kann man unschwer durch Röntgenbestrahlung oder eine Wuchsstoffbehandlung künstlich Zwillingsbildungen oder Teilverdoppelungen erzeugen. Das beweist einmal mehr, daß derartige Mißbildungen durch ,,Fehler" bei der Zellteilung entstehen, denn deren Ablauf wird über Wuchsstoffe oder ,,Pflanzenhormone" gesteuert, und Röntgenstrahlen schädigen die Erbsubstanz im Zellkern. Allerdings spielen auch die Umwelteinflüsse eine gewisse Rolle. Sie geben bei vielen erblichen Mißbildungen, etwa bei der öfter zu beobachtenden ,,Verbänderung", einer bandartigen Verbreiterung und Abflachung von Pflanzensprossen, erst den Ausschlag. Besonders nährstoffreicher, überdüngter Boden bewirkt als ,,Außenfaktor" das In-Erscheinung-Treten der erblichen Mißbildung. Auf einem mageren Sandboden würde sie nicht ausgebildet.

Wer allerdings der Meinung ist, die nicht wegzuleugnenden Fehlbildungen bewiesen, daß es sich bei Spemanns ,,gescheiterem Gegenüber" um einen etwas voreiligen Fehlschluß gehandelt habe, der urteilt selbst zu voreilig. Es ist ja nicht der Schöpfer selbst, der – wie das pantheistische Schwärmer annehmen, die ,,Gott in der Natur" verehren möchten – in jedem seiner Geschöpfe unmittelbar wirkt und gestaltet und somit auch für jede Mißbildung verantwortlich zu machen wäre. Die Natur ist zwar Gottes Schöpfung – aber mitnichten i s t sie Gott!

Schon vor mehr als anderthalbtausend Jahren warnte der Kirchenlehrer Augustinus, der Bischof von Hippo in Nordafrika, eindringlich davor, alles uns Unverständliche gleich für ein echtes Wunder auszugeben, für das Ergebnis eines direkten Eingreifens Gottes in das Naturgeschehen. Selbst das Werden der ersten Lebewesen und, wie wir heute sagen würden: auch ihre weitere Evolution, so meinte Augustinus, weit seiner Zeit voraus, soll nach den Gesetzen der Natur erklärt werden, die der Schöpfer in sie hineingelegt hat. Das gilt nun ebenso für die Entwicklung und das Heranreifen eines jeden Einzelorganismus. Ein Genetiker unserer Tage meinte genau das gleiche, als er die Frage stellte: ,,Was erscheint göttlicher: Dinge zu machen oder zu machen, daß sich die Dinge machen?" und sich – genau wie der Kirchenlehrer Augustinus – für das ,,machen, daß sich die Dinge machen" entschied.

Daß sich tatsächlich im Verlaufe der Entwicklung eines Lebewesens, sei es nun Pflanze, Tier oder Mensch, ,,die Dinge machen können", dafür ist die jeweilige ,,Erbsubstanz" in Zellkern und Zellplasma verantwortlich. Wenn wir auch vorläufig erst eine gewisse Vorstellung davon haben, wie die ,,Bausteine", die verschiedenen Eiweißstoffe durch den ,,genetischen Code" in den Chromosomen und Genen des Zellkerns gebildet werden, und noch ganz und gar unverständlich ist, wie denn aus diesen Eiweißen Zellen, Gewebe, Organe und schließlich ganze Organismen werden, so ist – spätestens seit Drieschs Experimenten – doch nicht daran zu zweifeln, daß in jeder einzelnen Zelle der Plan des ,,Ganzen" irgendwie drinsteckt. Bei jeder der nach Milliarden zählenden Zellteilungen eines heranreifenden Organismus wird dieser Bauplan getreulich kopiert. Ein Biologe gebrauchte einmal einen recht anschaulichen

Vergleich für den ,,Informationsgehalt" dieser verschlüsselten Bauanleitung: Er entspricht – pro Zellkern – dem Inhalt einer Büchermenge, die in einem 25 Quadratmeter großen Zimmer Platz hat, das vom Boden bis zur Decke lükkenlos mit Bändern im Lexikonformat angefüllt ist. Worüber sollte man sich also mehr wundern: daß dieses milliardenfache Immer-wieder-Kopieren tatsächlich fast stets fehlerlos erfolgt, oder darüber, daß hin und wieder ein ,,Druckfehler" (um bei unserem Vergleich zu bleiben) vorkommt, der sich dann als Mißbildung äußert? Ist die Möglichkeit, Fehler zu machen, nicht der unerläßliche Preis für die Freiheit, die Gott seiner Schöpfung gewährt, statt sie wie eine riesenhafte Maschinerie bis in alle Einzelheiten und für alle Zeit von vornherein festzulegen?

,,Die Natur hat Vollkommenheiten", so schrieb der große Blaise Pascal schon vor 300 Jahren, ,,um zu zeigen, daß sie das Bild Gottes ist – und Fehler, um zu zeigen, daß sie eben n u r das Bild ist!"

Auch durch Bakterien kann das normale Wachstum gestört werden. Die Zellen wuchern dann ungeordnet und es entsteht ein ,,Pflanzenkrebs".

Durch Befall mit einem Pilz wurde das normale Wachstum dieser Moorbirkenzweige gestört. Sie wucherten ziellos und bilden dadurch einen sogenannten ,,Hexenbesen".

Evolution – Zufall oder Plan?

114 Seiten, 7 Zeichnungen (edition spee 3), kartoniert

Während Wolfgang Kuhn die Mär vom Zufall mit den Methoden des biologischen Forschers zerstört, zerpflückt sie Hermann Dobbelstein mit denen der Physik.

Aachener Nachrichten: Dobbelstein hat große Naturwissenschaftler unserer Zeit wie Planck und Heisenberg auf seiner Seite, wenn er schreibt, die Naturwissenschaft könne die Existenz des Schöpfergeistes weder widerlegen noch glaubhaft als überflüssig hinstellen.

Lebendige Seelsorge: Dobbelsteins persönliches Engagement gilt dem Menschen, seiner Würde und seiner Freiheit. Ein Leben in Freiheit und Würde hält er nicht für möglich, wo die Materie als das einzige Prinzip des Universums gilt.

spee VERLAG TRIER